闸阀弯管液流系统振动噪声及阻抑

张超 任秀华 著

化学工业出版社
·北京·

内容简介

本书采用理论分析、实验研究和数值模拟相结合的方法，对闸阀关闭过程中闸阀弯管液流系统的流固耦合行为进行模拟分析，掌握了壁面湍流边界层引发的压力脉动、振动及噪声分布情况，提出了有效抑制带阀门弯管液流管路系统振动及噪声的结构优化方案，并采用聚酰亚胺树脂基矿物质复合材料设计新型高阻尼减振复合支承座，为抑制液流系统振动及噪声的产生和传播，解决闸板卡涩、磨损等问题提供指导及解决方案。

本书可作为高等院校、企业中从事充液管路系统减振降噪理论和技术研究的科研人员及相关专业师生的参考用书。

图书在版编目（CIP）数据

闸阀弯管液流系统振动噪声及阻抑/张超，任秀华著.—北京：化学工业出版社，2021.5
ISBN 978-7-122-38627-4

Ⅰ.①闸… Ⅱ.①张…②任… Ⅲ.①闸阀-弯管-机器噪声-分析②闸阀-弯管-机器噪声-减振降噪 Ⅳ.①TV134

中国版本图书馆 CIP 数据核字（2021）第 043318 号

责任编辑：金林茹　　　　　　　　文字编辑：袁　宁　陈小滔
责任校对：杜杏然　　　　　　　　装帧设计：王晓宇

出版发行：化学工业出版社（北京市东城区青年湖南街 13 号　邮政编码 100011）
印　　装：北京捷迅佳彩印刷有限公司
710mm×1000mm　1/16　印张 10½　字数 173 千字　2021 年 7 月北京第 1 版第 1 次印刷

购书咨询：010-64518888　　　　　　　售后服务：010-64518899
网　　址：http://www.cip.com.cn
凡购买本书，如有缺损质量问题，本社销售中心负责调换。

定　　价：89.00 元　　　　　　　　　　　　　　　　版权所有　违者必究

前言
PREFACE

  闸阀弯管液流系统是充液管路系统的重要组成形式之一，其振动噪声指标直接影响整个充液管路系统的可靠性和稳定性。尤其在高温高压工况下，闸阀在关闭过程中，内部高温高压流体受闸板扰流和弯管旋流共同作用，流体的不稳定会造成闸阀和管壁结构振动，并产生直接辐射噪声（流致振动噪声）。此外，液流系统的流致振动会通过其支承结构向外传播，尤其在舰船等相对密闭的金属箱体空间内会不断放大，激励壳体产生振动，并再由壳体向水中辐射振动噪声，从而极大地降低了舰船的隐蔽性。本书通过理论分析、实验研究和数值模拟相结合的方法，研究分析闸阀关闭过程中流固耦合下流体动力学行为及液流系统振动噪声特性，提出抑制液流系统振动噪声及闸阀卡涩、磨损的结构优化方案；采用新型纤维增强增韧复合材料，设计高阻尼减振复合支承座，减少液流系统振动，并阻断振动传播，以期提高闸阀弯管液流系统尤其是舰船的可靠性和隐蔽性。

  本书共分为 5 部分。

  ① 建立充液闸阀弯管液流系统流量的流量系数表达式，并对流经弯管的流体流态进行数值仿真，得到不同雷诺数和不同弯径比下的流量系数变化规律；通过弯管内、外侧动压分布实验，进一步验证应用欧拉数表述的弯管流动压理论模型的科学性和合理性。

  ② 采用 SST $k\text{-}\omega$ 模拟方法深入研究流固耦合下，闸阀弯管液流系统内高温高压蒸汽流体的稳态动力学行为及特性，并与流场动压实验结果进行对比验证；研究分析闸阀关闭过程中液流系统内流体速度分布、压力分布、湍动能分布等流体特性规律，为下一步液流系统内流致振动噪声特性准确分析、预测与制订基于减振降噪的结构优化及验证方案奠定基础。

  ③ 在掌握闸阀关闭过程中闸阀弯管液流系统内蒸汽流体的实时动态特性及流动参数变化规律的基础上，研究分析闸阀关闭过程中液流系统耦合振动特性、内部流场及耦合面噪声分布规律，以及系统啸叫和导向条磨损等故障成因。

④ 研究分析造成闸阀液流系统振动和噪声的主要原因，并提出采用增加过渡圆角、采用平底闸板和加装鼓形变径扩缩管的结构优化方法，减少流体射流，降低闸阀前后压差及压力脉动，减弱阀后流体涡旋，达到液流系统减振降噪的目的，并通过 CFD 方法分析验证。

　　⑤ 采用新型纤维增强增韧聚酰亚胺树脂基复合材料和二次拓扑优化的方法设计新型减振复合支承座，并对其进行静、动态性能仿真分析，证明新型减振复合支承座具有抗变形能力强、刚度高、重量轻的优点，可显著改善管路系统模态，避免局部及系统共振，减小流体压力脉动，抑制液流系统振动的产生及传播，有效提高闸阀弯管液流系统尤其是舰船的可靠性和隐蔽性。

　　本书在写作过程中，得到了张进生教授、孟宪举教授和任秀华副教授的指导与帮助，并参考了书后所列的参考文献，在此向各位老师及各参考文献的作者表示衷心的感谢。

　　由于作者水平有限，书中难免存在不妥之处，敬请读者批评指正。

著者

目录

第1章 闸阀弯管液流系统组成及其流致振动噪声研究现状 001

1.1 研究背景及意义 002
1.2 闸阀弯管液流系统概述 004
    1.2.1 闸阀弯管液流系统组成 004
    1.2.2 闸阀弯管液流系统技术参数 005
    1.2.3 闸阀关闭过程闸板开度划分 006
1.3 国内外研究现状综述 007
    1.3.1 阀门内流致振动噪声及其抑制研究 008
    1.3.2 弯管内流致振动噪声及其抑制研究 010
    1.3.3 支承座减振、隔振研究 011

第2章 闸阀弯管内流场动压分布理论及实验研究 013

2.1 弯管内流场动压分布理论 015
    2.1.1 弯管流量系数研究现状 016
    2.1.2 基于N-S方程的流量系数及求解 017
2.2 液流系统流场动压实验研究 019
    2.2.1 流场动压实验工作原理 019
    2.2.2 流场动压实验方案及步骤 019
    2.2.3 流场动压实验结果及与计算结果相互验证 021

第3章 闸阀关闭过程中液流系统双向耦合流场特性分析 025

3.1 液流系统流场数值模拟方法及耦合方式 027
    3.1.1 液流系统流场数值模拟计算流体动力学基础 027
    3.1.2 液流系统耦合数值模拟方法 028
    3.1.3 液流系统耦合理论及方式 030
3.2 液流系统模型建立及参数设置 033
    3.2.1 液流系统三维建模 033
    3.2.2 网格划分 034
    3.2.3 仿真参数设置 035
3.3 闸阀关闭过程中系统耦合模拟及结果分析 036

  3.3.1 耦合模拟流场分析截面确定 037
  3.3.2 内部流场耦合模拟结果及实验验证 038
  3.3.3 内部流体双向耦合流动特性分析 045
  3.3.4 高温流体对固体结构热变形的影响 053
 3.4 闸阀关闭过程中内部流场特性分析及对比 056
  3.4.1 闸阀关闭过程中内部流场压力特性 056
  3.4.2 液流系统流阻系数、流量系数 062
  3.4.3 液流系统流量特性 065

第 4 章 基于耦合模态的流致振动噪声特性研究及故障分析 067

 4.1 弯管系统耦合振动有限元理论求解 068
  4.1.1 耦合系统模型建立与单元划分 069
  4.1.2 耦合系统总体矩阵 070
  4.1.3 耦合系统振动方程及求解 072
 4.2 液流系统流致振动耦合模态结果分析 074
  4.2.1 耦合模态模拟方法及参数设置 074
  4.2.2 耦合模态模拟结果及分析 076
 4.3 液流系统流致噪声数值模拟 078
  4.3.1 内部流体流致噪声边界元法 078
  4.3.2 流体域声场分析特征场点的确定 081
  4.3.3 特征场点处声压及频率响应分析 081
  4.3.4 流体与固体耦合面表面声压分布 085
 4.4 闸阀流致振动造成故障成因分析 087
  4.4.1 闸阀振动加剧及啸叫成因分析 087
  4.4.2 闸板和导向条的磨损成因分析 090

第 5 章 基于减振降噪的结构优化及验证 094

 5.1 抑制振动噪声的结构优化方法及方案确定 095
  5.1.1 液流系统流致振动噪声成因分析 095
  5.1.2 闸阀及管路结构优化方法及方案确定 097
 5.2 减振后闸阀关闭过程流场特性分析 098
  5.2.1 减振后闸阀关闭过程中流体速度场 098
  5.2.2 减振后闸阀关闭过程中流场湍动能 101
  5.2.3 减振后闸阀关闭过程中流体压力场 103

5.2.4	减振后液流系统特性曲线	105
5.3	减振后液流系统流致耦合振动特性分析	107
5.4	降噪后流固耦合面流致噪声分析	110
5.5	减振后闸板和导向条磨损改善情况分析	115

第6章 减振复合支承座的研究及其性能分析   120

- 6.1 支承座刚度对液流系统振动的影响   121
- 6.2 高阻尼减振复合材料确定及试样制备   122
  - 6.2.1 高阻尼减振复合材料选择及配比   123
  - 6.2.2 高阻尼减振复合材料支承座试样制备   123
- 6.3 高阻尼复合材料力学性能测试方案及结果   124
  - 6.3.1 强度测试原理   124
  - 6.3.2 试样典型测点载荷-应变测试方案   125
  - 6.3.3 载荷-应变测试结果分析   127
  - 6.3.4 载荷-应变有限元分析   131
- 6.4 减振复合支承座静力学性能分析   133
  - 6.4.1 支承座建模及仿真参数设置   133
  - 6.4.2 减振复合支承座的静力学性能   134
- 6.5 减振复合支承座模态及减振特性   136
  - 6.5.1 支承座模态分析理论基础   136
  - 6.5.2 减振复合支承座模态分析   137
  - 6.5.3 减振复合支承座对液流系统振动的影响   141
- 6.6 减振复合支承座二次拓扑优化   142
  - 6.6.1 基于多目标的减振复合支承座二次拓扑优化建模   142
  - 6.6.2 减振复合支承座二次拓扑优化流程   144
  - 6.6.3 拓扑优化结果及减振性能对比   145

参考文献   150

第 1 章
闸阀弯管液流系统组成及其流致振动噪声研究现状

1.1 研究背景及意义

闸阀弯管液流系统是充液管路系统的重要组成形式之一，其振动噪声指标直接影响整个充液管路系统的可靠性和稳定性。本书以舰船用高温高压闸阀弯管液流系统为例，通过理论分析、实验研究和数值模拟相结合的方法，研究分析闸阀关闭过程中流固耦合下流体动力学行为及液流系统振动噪声特性，提出抑制液流系统振动噪声及闸阀卡涩、磨损的结构优化方案；采用新型纤维增强增韧复合材料，设计高阻尼减振复合支承座，减少液流系统振动，并阻断振动传播，以期提高闸阀弯管液流系统尤其是舰船的可靠性和隐蔽性。

舰船的设计和制造是海洋强军强国建设中的重要内容，目前虽然我国在舰船船体建造、焊接、舾装及现代化设计方面成果斐然，但因在舰船运行可靠性及隐蔽性技术研发方面起步较晚，导致在振动噪声诱因及控制等关键技术上的仿真模拟和实验研究较为薄弱。在海水介质中声波是唯一可以有效远距离传递信息的载体，研究表明舰船水下噪声降低 10dB，则舰船被敌方声呐探测到的距离可缩短 32%。因此，水下减振降噪性能一直是衡量舰船性能优劣的重要指标之一，而有效抑制舰船振动噪声也成为提高舰船自身生存能力和作战能力的关键。

舰船水下振动噪声主要由机械结构振动噪声、螺旋桨噪声和艇体表面产生的水动力噪声组成。充液管道系统的振动是由内部流体运动不稳定而造成的结构振动（即流致振动），是一种典型的力学现象。研究表明，当舰船运行时的螺旋桨、水动力噪声及舰船上机械设备振动噪声被有效抑制后，充液管路系统产生的流致振动噪声成为舰船水下振动、辐射噪声的主要来源之一。本书重点从抑制振动噪声源和传播两个基本环节的研究着手，实现液流系统减振降噪。

舰船上特殊的工作环境决定着液流系统在实际工况下动态行为不仅受到结构本身、间隙等因素的影响，而且受到来自高温高压蒸汽流体的影响。高温高压蒸汽除了直接影响阀门机构的受力外,还通过流固耦合作用间接地改变闸阀弯管模态,从而影响整个闸阀弯管液流系统的非线性动态特性;此外,流固耦合作用还会明显加剧结构振动损伤,造成更强的噪声污染,轻则影响艇内生活工作环境,重则导致设备损坏,管路破裂,引起爆炸、燃烧乃至艇毁人亡的重大安全事故。1968 年 4 月,苏联一艘编号为 K-172 的 E-Ⅱ级导弹核潜艇因阀体共振引起密封失效,导致汞蒸气泄漏,造成 90 名艇员全部中毒遇难、潜艇沉没的严重事故。

现场调研发现,在闸阀闸板关闭过程中,液流系统会不同程度地出现振动噪声及泄漏情况,并且随着闸阀启闭次数的增加,闸阀运行不畅、卡涩,液流系统振动加剧、啸叫及磨损现象会逐渐显现。通过解体报废闸阀发现,几乎所有闸阀的闸板、闸板与阀体导向条、密封面和阀体内壁都出现了不同程度的磨损和应力裂纹等损伤。因此,开展闸阀弯管液流系统内流固耦合下的振动噪声及抑制研究具有重要的实际应用价值。

目前,闸阀及管路通过支承座固定在舰船内,液流系统的流致振动会通过支承座传播,并极易在环形密闭的舰船舱内激励产生共振,使舰船壳体产生振动并向外辐射噪声;舰船在武器发射过程中产生的冲击及反潜武器对舰船的更强冲击,也均会通过支承座传递给管路系统,造成阀门失效、管路泄漏等严重事故;此外,现有舰船支承座主要采用铸钢或钢板焊接结构,生产过程污染较大,不符合绿色制造理念,自重较大,阻尼减振性能接近极值,且在抗腐蚀性、动态性能及热稳定性方面已不能满足舰船尤其是核舰船上减振降噪的要求。故研究开发应用于舰船上抗腐蚀、质量小、隔振减振性能优良的新型高阻尼减振复合材料支承座,对抑制液流系统振动噪声,阻断振动传播,提高闸阀弯管液流系统尤其是舰船稳定性和隐蔽性,具有十分重要的意义。

本书在综合国内外最新研究的基础上,依据闸阀结构和弯管系统特点,从液流系统振动噪声诱因、阀体管路结构自由和受迫振动特性、流固耦合振动噪声三方面对实际工况下液流系统动力学行为进行实验和有限元仿真研究,为制订有效抑制带阀门弯管液流系统振动及噪声的结构优化方案提供重要的理论依据,为开展新型减振复合支承座的研发提供数据基础和验证方法,以期从根本上抑制管路系统振动噪声的产生和传播,提高整个舰船的可靠性和隐蔽性。

1.2 闸阀弯管液流系统概述

1.2.1 闸阀弯管液流系统组成

本书以某舰船的 DN500 电动闸阀弯管液流系统为例进行介绍。闸阀弯管液流系统通常由闸阀、管路和高温高压蒸汽流三大部分组成，图 1-1 为电动闸阀弯管液流系统总体结构示意图。图 1-2 为 DN500 电动闸阀结构示意图。该电动闸阀由我国自主研发设计，具有无填料、零外漏、绝缘耐热等级高、使用寿命长、开关转矩小、体积小和重量轻等优点。

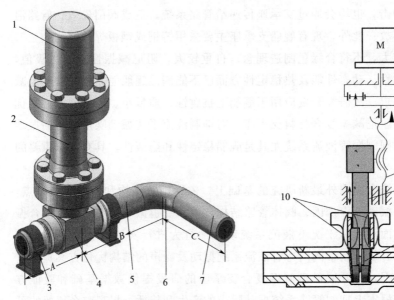

图 1-1 电动闸阀弯管液流系统总体结构示意图

图 1-2 DN500 电动闸阀结构示意图

1—电机；2—丝杠传动装置；3—支承座；4—阀体；5—阀后直管；6—直角弯管；
7—弯管后直管；8—行星减速器；9—阀杆；10—闸板与阀体导向条；11—闸板

电动闸阀主要由阀门本体、驱动装置和传动装置三部分组成，阀门本体部分主要由阀杆、闸板与阀体导向条、闸板、阀体、位置指示器等组成，驱动装置主要由电机和行星减速器组成，传动装置由滚珠丝杠副、轴承、阀杆等组成。从功能上看是用电机通过行星减速器控制阀杆动作，阀杆连接闸板，从而实现闸板沿着闸板与阀体导向条上下动作来控制高温高压蒸汽的通断和流量调节。闸阀的启闭件是闸板，闸板的运动方向与流体方向相垂直。闸板有两个楔形密封面，并采用强制密封，即阀门关闭时，要依靠电机强行将闸板压向阀体，以保证两个楔形密封面的密封性。目前具有代表性的电动闸阀的最高技术参数为：最大口径 DN1200mm（核 3 级的闸阀）、DN800mm（核 2 级的主蒸汽隔离阀）、DN500mm（核 1 级的主回路闸阀），最高压力约 1500 磅级（25MPa），最高温度约 360℃。

1.2.2　闸阀弯管液流系统技术参数

表 1-1 为本书研究的 DN500 电动闸阀弯管液流系统主要技术参数。

表 1-1　DN500 电动闸阀弯管液流系统主要技术参数

序号	项目	参数
1	抗冲击要求	Ⅱ类
2	质保要求	A 级
3	公称通径	500mm
4	设计压力	8MPa
5	设计温度	360℃
6	工作介质	蒸汽
7	承压件设计使用寿命	30a
8	无故障开关周期	>3000 次
9	全行程时间	≤20s
10	A（图 1-1）	1500mm
11	B（图 1-1）	3000mm
12	C（图 1-1）	2500mm

1.2.3 闸阀关闭过程闸板开度划分

高温高压蒸汽流对闸阀弯管液流系统的影响是贯穿于整个闸阀关闭过程的连续影响行为。闸阀关闭过程中，阀板连续地处于不同的开度位置，其在蒸汽流向方向上的投影面积不断发生变化，导致液流系统耦合振动特性及内部流体流态也不断剧烈变化。为了详细研究分析整个闸阀关闭过程中的流体动力行为及流固耦合下液流系统振动特性，采用过程离散分析法将闸阀的连续关闭过程离散为一系列闸板不同开度的位置状态，在任意一个相对独立的闸板位置状态，阀体和管路系统内部高温高压蒸汽流稳定地流过闸阀及其他功能部件，并相互作用，此时的蒸汽流动属于稳态流动。

图 1-3 所示为闸阀闸板位置示意图。按闸板开度的间隔为 14%～15%，将闸阀的整个关闭过程（即 0%～100%）离散为 8 个不同的阀板位置状态，表 1-2 为闸阀 8 个开度状态参数。

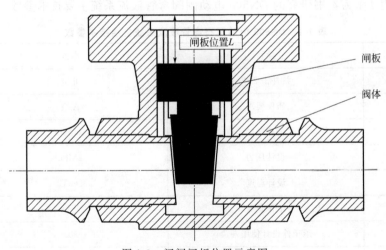

图 1-3 闸阀闸板位置示意图

表 1-2 闸阀 8 个开度状态参数

状态	开度 A	开度 B	开度 C	开度 D	开度 E	开度 F	开度 G	开度 H
闸板位置 L/mm	最上 50	124	197	271	344	418	491	最下 565
开口比例	100%（全开）	86%	71%	57%	43%	29%	14%	0%（全关）

1.3 国内外研究现状综述

高温高压蒸汽流体流经阀门、弯管等结构时会产生流速和压力脉动,产生多种形式的振动波(既有管道振动波,又有液体振动波),而这多种振动波在结构与液体之间发生相互耦合、相互传递、相互影响,造成实际的流体特性和液流系统振动特性十分复杂,这使带阀门液流管道系统的振动问题成为一个复杂的研究领域。

实验是研究阀门及管道内部流场最直接可靠的方法。国内外学者已对常用阀门及充液系统做了大量的实验研究,并取得了较多的实验数据和研究成果,但对于回路中使用的高温高压蒸汽闸阀弯管液流系统的流体动力学特性实验研究极少,因要搭建起一套完整的实验平台,不仅需要锅炉提供高温高压蒸汽,而且要搭建完整的蒸汽循环管路及蒸汽后处理设备,造价很高不现实,况且其内部流场十分复杂,完整的动态变化过程很难通过实验获得。而计算机仿真及数值模拟技术的广泛应用,使通过计算机流场数值模拟技术直接模拟获得充液管路系统内部三维定常流场和非定常流场特性成为可能。

早期通过计算机流场数值模拟技术对充液管道振动的研究主要以经典水锤理论为主,即假设阀门、管道等结构为刚性,只考虑内部流体对结构的单向影响,先计算内部流体的响应,并以此作为激励来对阀门管道等结构做响应分析,完全不考虑充液管道系统脉动流体与管道之间的相互耦合作用。而实际中,这种不考虑双向流固耦合作用的模型结果和实际情况相差很大。所以,近年来在双向流固耦合作用下对充液管路的流致振动特性研究越来越受到重视。

充液管道流固耦合作用机理主要有摩擦耦合、泊松耦合和连接耦合。

① 摩擦耦合是指由流体与管道内壁之间的摩擦产生的一种边界层耦合。在中低频状态下,摩擦耦合对系统的响应特性影响较小,但在高频状态下,边界层会出现湍流,流体摩擦力与系统频率特性变得更加复杂。

② 泊松耦合是由内部流体耦合层上的压力脉动与管路内壁应力之间的

局部相互作用而产生的沿程耦合,其强烈程度与结构件(阀门、弯管等附件)的材料泊松比相关。泊松耦合对液流系统特性影响非常明显。

③ 连接耦合是指流体在管路的结构件(阀门、弯管等附件)处,由于流体压力突变而发生较强的耦合作用,这些部位极易产生流体压力损失,形成流体与结构件间的相互耦合作用,也会对整个充液管路系统特性产生较大影响。

闸阀弯管液流系统是典型的流固耦合系统,是由以上三种耦合共同作用产生的。通过液流系统流固耦合面,流体力作用在闸阀管路等结构表面,改变固体结构的状态,而固体结构的状态变化反过来会造成流体域及边界条件的改变,从而又进一步影响内部流场特性,形成典型的流体与结构相互作用的流固耦合振动问题。这种在流固耦合界面上产生的非定常流体力和边界状态变化无法通过计算预知,只有通过模拟求解流固耦合系统才能获得。

现阶段,国内外对充液管道系统振动、噪声及减振方面的研究非常广泛,如管路系统中的附件(如泵、弯管、阀门、支承等)对管路系统的振动噪声的影响,管路附件本身的源噪声,附件、管道振动的非线性及由管内流体的流态突变而产生的流固耦合现象,等等。

1.3.1 阀门内流致振动噪声及其抑制研究

目前,计算机辅助方法已广泛应用于阀门研制及其流体动力学研究中,如基于各种网格划分技术的新型算法和并行算法、涡旋运动和湍流机理的研究、流体运动控制方程的离散求解、流体动力学的分析方法在实际阀门流体中的应用等。

研究表明,液流管路系统中阀门是振动、噪声的主要激励源之一,当流体流经阀门时,因阀门的节流作用,流体流态发生突变。此时,阀内流体与阀体结构会产生流固耦合作用,形成压力脉动,最终产生系统振动和噪声。按其诱发因素不同,主要分为机械振动、流体动力学振动和水锤。

① 阀门结构机械振动:主要指由共振引起的阀门整体振动和因流体流态突变引起阀门前后差压急剧变化而导致的闸板振动。

② 阀门内流体动力学振动:流体流经阀门会受其摩擦、阻力和扰动的影响,并形成涡旋,涡旋会随着流体流动的尾流而逐渐脱落。当涡旋脱落频率与阀门固有频率接近或一致时,会产生强烈的共振及辐射噪声。

③ 水锤:主要产生于阀门关闭过程中,是阀门振动中危害最大的因素。

阀门关闭过程中，介质流态局部突变，引起局部压力脉动，并以振动波沿管道传播和反射，此时阀门和管路附件会伴随产生很大的振动噪声，会造成阀门损坏、管道破裂等严重事故。因此，阀门的过流特性以及压力脉动抑制是充液管道优化的关键。

目前，国内外采用数值方法模拟充液阀门内部流场特性及故障成因的研究较多。魏云平通过对闸阀的失效形式和磨损机理进行研究，确认闸阀主要有冲蚀磨损、冲击磨粒磨损和变形磨损三种失效形式，并提出闸阀大口进小口出的优化方案，以解决闸阀堆料和应力分布不合理的问题。刘华坪等通过动网格和 UDF 方法，模拟了闸阀、蝶阀等四种阀门在关闭过程中内部流体的流态和阀体受力，得出阀门开度较小时，内部流场出现复杂的旋涡和回流，造成流体压力损失，从而导致极易引起阀体的变形与疲劳破坏的冲击、振动。屠珊等采用仿真和实验方法研究调节阀内的蒸汽流场特性，指出调节阀喉部压力损失最大，并产生强烈的流体压力脉动。封海波采用 CDX 软件对管路系统中的闸阀、蝶阀和球阀流动特性和噪声进行了模拟分析，建立了阀门的噪声源数学模型，研究了流致噪声发生机理。王冬梅等模拟研究了蒸汽调节阀门内部非定常流场及振动，通过控制流体涡旋、减少湍流能量、改善阀体局部应力，对调节阀的结构进行了优化设计，经验证，优化后的调节阀所受激振力明显减小。石娟等用数值模拟法研究了调节阀的定常流场、非定常流场特性，得到了各种开度下调节阀内部流场的三维流场特性分布云图及流场特性曲线，并通过实验验证数值模拟结果。Bielecki 等用数值模拟法研究了调节阀关闭过程中的流体非定常湍流及对阀体的影响。Mazur 等计算分析了截止阀内流固两相流三维流场特性。牛传贵等通过有限元数值模拟法研究了主蒸汽隔离阀内流场，并采用时均方程和大涡模拟相结合的方法，研究了蒸汽管路阀门噪声源的类型、产生的位置、管壁压力脉动分布等声源特性。王炜哲等通过求解全三维 N-S 方程和 k-ε 湍流模型，研究了阀内蒸汽流场特性，结果表明阀体喉口部位和流动死区处的涡量很强，是主要的噪声辐射源。Leutwyler 等分别采用 k-ε、k-ω、SST 模型用数值模拟法研究了蝶阀内流体特性，并通过实验进行验证。Tam 等采用 k-ε 模型结合 RANS 时均法研究流体流动特性，通过线性欧拉公式研究噪声传播问题。Adam 等采用 LES 和 FW-H 法研究雷诺数分别为 1×10^5 和 4×10^5 的等温射流，虽然模拟结果均大于实验结果，但两种方法的流场分析结果准确可靠。Song 等分析对比了 48in(121.92cm) 蝶阀在不同开度和流量条件下的实验和模拟流体特性，并证明了使用计算流体力学（CFD）预测蝶阀性能参数（如压降、流体特性）的准确性。Xu 等用波传播法、剩余定理和数值积分法研究分析了充液圆柱管路系统流固耦合振动问题。

1.3.2 弯管内流致振动噪声及其抑制研究

在充液管路系统中，弯管是管路系统中最常见的附件，对弯管流场的研究主要是介质流经弯管时形成的二次流——迪恩涡。介质流经弯管时，流体受弯管曲率直径比（R_C/D）、流体的流动马赫数和流动运动方向因素的影响，局部流向和流速突变，湍流强度明显增强，在管壁湍流边界层出现了不规则的压力脉动，由 Lighthill 声学类比理论可知，边界层上的压力脉动必会形成流致振动和噪声。现有计算模拟方法大多基于 Lighthill 声学类比理论，利用 FLUENT 软件模拟分析流动特性，分别应用福茨威廉姆-霍金斯方程（FW-H）和边界元理论计算流体振动噪声。

在弯管流场特性分析方面，Fester 和 Page 等采用 FLUENT 的 RNG k-ε 湍流模型数值模拟了弯管内部流场。Rütten 等采用大涡法数值模拟了大曲率弯管内流动，详细分析了弯管内由涡旋造成的低频振荡特性，并经实验验证。胡艳华等采用大涡法模拟了不同曲率比的 90°方弯管内流场特性，与实验结果吻合，证明大涡模拟法可用于边界条件复杂流场的流动仿真。但对于舰船上常用的 R_C/D<1.0 弯管内三维紊流流场实验和仿真研究均很少，至今鲜有研究报道。

俞树荣等在 Workbench 中对弯管充液系统进行了单、双向流固耦合受力分析、模态分析及对比，研究表明双向耦合结果均大于单向耦合，其结果准确可信。张杰等通过 ADINA 对 U 形充液管道建模并进行了流固耦合模态分析，研究表明流固耦合状态下的充液管道固有频率均大于不考虑流固耦合时的固有频率，但对充液管道模态振型影响不大。李艳华结合泊松耦合效应和 Bourdon 耦合效应建立了充液弯管系统动力学模型，采用 Laplace 变换将时域方程转化为频域解析解，并研究了管道结构参数及支承方式对管路振动噪声响应特性的影响，为管路减振降噪设计提供指导。Ni Q 等研究了充液弯管内流体动力学问题，采用 DPM（微分求积法）对充液管道模型进行离散化，用四阶龙格-库塔法求解充液管路的非线性动力学方程，并与实验结果进行了对比。Dai 等通过引入动力刚度矩阵，构建了三维充液曲管单元的运动方程，并利用 TMM（传递矩阵法）研究了充液曲管的固有频率、频率响应函数。Gao X Q 模拟分析了直角圆弯管内由湍流引起的流致振动及噪声,及不同管壁厚度、流速、雷诺数下弯管液流系统内流动特性和噪声特性。

周志军等通过 RNG k-ε 模型、标准 k-ε 模型、SST k-ω 模型,数值模拟了管道湍流特性及舰船流噪声,经分析比较,RNG k-ε 模型结果较准确。Hambric 等研究了圆截面弯管内的流致振动噪声,并分别对不同流速及雷诺数工况下内部流体流动特性和噪声进行了计算模拟。James 等采用数值模拟和实验方法研究了阀芯型线对阀门内流体特性的影响。美国 GE 通过对主气阀内部流场特性进行详细试验分析,找到了引起阀杆振动噪声的根源,在对阀门局部结构进行优化后,总压力损失减少了 30%。鞠东兵采用流固耦合法研究分析了调节阀内流场流动特性及其振动噪声,证明阀门的节流作用是诱发振动噪声的主因,并对调节阀结构进行了优化,达到减振降噪的目的。王武通过搭建水槽-管道-阀门-水槽实验测试系统,对液流系统内流体涡旋引发的流固耦合振动特性进行了实验研究。

现有研究大多均只针对阀门或弯管单独存在的工况,鲜有针对弯管前配置阀门复杂工况的研究。而实际中,当弯管前配置阀门时,阀门除了因流体扰流作用引起系统振动和流体压力脉动外,阀门在管中的位置和开度也是影响弯管内流场及噪声的重要因素。谢龙等采用 PIV 技术(激光粒子图像速度场测试技术)成像测试了阀门在不同开度和流速工况下,阀后直角圆弯管的内部流场,但由于测试区域有限及局部照明不均匀,导致无法完整观察及识别其内部流体流动特性。

1.3.3　支承座减振、隔振研究

舰船上阀门、管路及其附件需要大量的支承座,这些支承座基本均由铸铁或铸钢制成,自重大,且隔振减振效果差,已无法满足现代舰船设计的要求。虽然现阶段针对舰船上支承座减振、隔振的研究很少,但可借鉴机床床身优化设计方法,采用新型高阻尼减振复合材料及拓扑结构优化设计新型减振支承座。

复合材料具有阻尼高——隔振、耐腐蚀——寿命长、抗变形能力强、可设计性强等优点,在军工及航空航天领域应用已十分广泛。资料显示,现代潜艇设计制造中已在舱壁、推进器、泵阀等部位和设备上使用复合材料,如全部普及使用,预计可为潜艇减重 400t,并且可大幅降低潜艇水下噪声。通常认为树脂基复合材料的耐热性能不及钢、铝、钛等金属材料,但聚酰亚胺树脂基复合材料可长期耐热，其耐热温度甚至可达到400℃以上并大量应用于航空发动机冷端部件、飞机高温区机体结构、高超声速飞行器及导弹主承力结构等关键高温部位。

任贺厉采用减振降噪性能优异的黏弹性复合材料代替原有的钢板焊接支承座，并通过有限元法分析计算了支承座的动力特性和模态响应，结果证明支承座减振降噪效果明显。张敦福等采用变分原理推导出充液管道流固耦合的自由振动变分方程，使用直接解法求得充液管道的固有频率。初飞雪等基于Hamilton理论推导出两端简支充液管路流固耦合自由振动变分方程，研究分析了流速、压力和简支长度等参数对充液管道模态的影响。李艳华通过研究不同刚度支承座对管路振动噪声性能的影响后得出：提高支承座刚度，可以明显减少管路系统的振动和噪声，管道的振幅也会降低。任秀华采用钼纤维增强花岗石复合材料替代原有的铸铁机床床身，并经二次优化，得到振型及力学性能理想的复合床身。马雅丽等采用HyperMesh软件对车削加工中心床鞍进行拓扑优化，确定新的床鞍设计方案，在满足工艺设计要求基础上，整体动态性能提高，且减重14.33%。杨忠泮基于变密度法理论，采用HyperMesh模块和OptiStruct模块，通过线性加权方法将立柱静载荷与动态低阶固有频率的多目标优化转化为一个综合目标优化，最终获得立柱最优结构。徐晓锋阐明了管道隔振的设计理论和方法，并研究了供暖管道振动噪声主因，提出治理压力管道的方案并加以分析。李国亮采用功率流作为隔振的评价指标，通过有限元分析和实验的方法证明碳纤维复合材料支承座的隔振性能优于钢质支承座，且强度更高、重量更轻。吴医博等通过实验验证了采用复合材料夹芯处理的肋板隔振效果最好。Pinnington等采用点功率传递形式，推导出由隔振装置向外传递振动功率表达式，提出了测试隔振装置振动功率流的试验方法。Jie Pan等建立了隔振装置有限元分析模型，假定固定结构件为有限等质板，采用振动功率流的方法，对复合隔振装置的隔振特性进行分析。Sun等推导出隔振装置的振动功率流传递矩阵方程，并且对多激励下的隔振装置的振动功率流的传递特性进行了数值分析。

第 2 章

闸阀弯管内流场动压分布理论及实验研究

当高温高压蒸汽经闸阀流经弯管时，弯管曲率对内部流场特性产生影响，迫使流体在弯管截面上产生二次流动，并在弯管内产生流体涡旋，管壁湍流边界层出现连续的压力脉动，这不仅造成流体压力和能量的损失，而且使流体流动的阻力增大，并产生系统振动和噪声。

本章在概述了传统旋流理论的不足之后，依据流体力学的基本理论和计算流体力学的现代发展成果，建立了弯管流量的流量系数表达式，并与弯管内流场动压分布实验结果相互验证，得到以下结果：

① 建立了弯管流量的流量系数表达式，并对流体流经弯管的流态进行了数值仿真，得到不同雷诺数和不同弯径比下的流量系数变化规律，这无论对于弯管动压的理论研究还是实验研究都具有重要的指导意义。

② 依据牛顿运动定律，搭建了液流系统弯管动压实验平台，通过对液流系统弯管内、外侧的动压分布实验结果与数值计算结果进行对比分析，进一步验证了应用欧拉数表述的弯管流动压理论模型的科学性和合理性。

③ 液流系统弯管动压计算和实验结果可为下一步研究闸阀关闭过程中液流系统内流场耦合特性及流致振动噪声特性奠定基础，并为研究充液阀门及管路流体耦合特性，特别是无法完全用实验研究的高温高压充液管路系统流体特性，提供了一种较为便捷的计算机辅助仿真与实验验证相结合的工程解法。

目前，已采用旋转探针技术、激光多普勒测速仪及CTA热线风速仪等对90°弯管液流系统内流体特性进行了实验研究，研究发现弯管Rc/D（曲率直径比）、Re（流体的流动雷诺数）和流速等均会影响弯管内流体特性，但对于在弯管前设置闸阀液流系统内的流体特性研究很少。舰船用闸阀弯管液流系统因为温度、压力非常高，很难在真实工况下通过实验获得内部流场完整的特性及变化规律，所以必须采用计算机辅助仿真与实验验证相结合的方式，即在建立闸阀弯管流量系数表达式的基础上，对流体流经弯管的流态进行数值仿真，得到不同雷诺数和不同弯径比下的流量系数变化规律，并通过弯管内流场动压分布实验加以验证，为研究闸阀关闭过程中液流系统内流场耦合特性及流致振动噪声特性奠定基础。

2.1 弯管内流场动压分布理论

在研究弯管内流场动压分布方面最具代表性的理论是自由旋流理论和强制旋流理论，图 2-1 为弯管流体域自由旋流理论和强制旋流理论模型示意图。

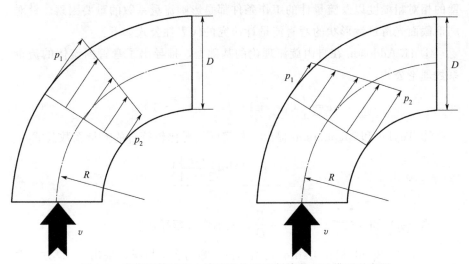

图 2-1　弯管流体域自由旋流理论和强制旋流理论模型示意图

自由旋流理论数学模型为：

$$\overline{v}=\frac{1}{\gamma}(4\gamma^2-1)(2\gamma-\sqrt{4\gamma^2-1})\sqrt{\frac{R}{D}}\sqrt{\frac{\Delta p}{\rho}} \tag{2-1}$$

强制旋流理论数学模型为：

$$\overline{v}=\sqrt{\frac{R}{D}}\sqrt{\frac{\Delta p}{\rho}} \tag{2-2}$$

式中，$\gamma=\dfrac{R}{D}$，表示弯管弯径比；$\overline{v}$ 表示流体平均速度；Δp 是流体通过弯管传感器时弯管表面内、外侧的压差值；ρ 表示流体的密度。

现对两个数学模型进行整合、积分处理，公式写成统一的形式：

$$\overline{v} = \alpha \sqrt{\frac{R}{D}} \sqrt{\frac{\Delta p}{\rho}} \qquad (2\text{-}3)$$

式中，α 称为流量系数，仅为弯径比的函数。

从式（2-3）中可以看出，对弯管流量的研究可最终归结为对流量系数的研究。

2.1.1 弯管流量系数研究现状

研究人员针对弯管内流体流量系数的确定进行了广泛的实验研究，推导出不同的经验和半经验流量系数计算公式，并发现弯管弯径比、雷诺数、管壁的相对粗糙度以及流量计的工作条件都是影响流量系数的重要因素。针对圆形截面光滑过渡形状的弯管流量计研究的代表性公式如下：

① H. Addoson 在自由旋流理论的基础上，推导出了弯管内流体的流量系数理论公式：

$$\alpha = \frac{1}{x}(4x^2 - 1)(2x - \sqrt{4x^2 - 1}) \qquad (2\text{-}4)$$

② Taylor 和 Mepherson 提出了与实际情况比较符合的流量系数公式：

$$\alpha = \frac{(2x-1)\ln\left(\frac{2x+1}{2x-1}\right)}{x} \qquad (2\text{-}5)$$

式（2-4）和式（2-5）中，$x = \frac{R}{D}$，表示弯管弯径比。

③ L. K. Spink 根据 Lanford、Yarnell 等的实验情况，提出了 45°方向取压的流量系数经验公式：

$$\alpha = 0.961 \qquad (2\text{-}6)$$

④ 美国机械工程师学会（ASME）发表的研究报告《液体流量计》中提出了流量系数与雷诺数（Re）的关系式：

$$\alpha = 1 - \frac{6.5}{\sqrt{Re}} \qquad (2\text{-}7)$$

该经验公式弥补了以往经验公式的不足，首次在流量系数的计算公式中引入了雷诺数。公式的适用范围为：$Re > 10^4$，$R/D > 1.25$。满足此条件的，误差小于±4.0%。

⑤ 小栗幸正做了一系列的实验，根据实验获得的数据，利用计算机推导出流量系数经验公式：

$$\alpha = 1.009 - \frac{0.0245}{\sqrt{x}} \tag{2-8}$$

式中，$1.09 \leqslant x \leqslant 3.04$ 且 $Re \geqslant 10^5$。

⑥ 陆祖祥等融合现有的资料和实验数据，推导出了弯管内流体流量系数的半经验公式：

$$\alpha = 1.02488 \left(1 - \frac{6.5}{\sqrt{Re}}\right) \tag{2-9}$$

式(2-4)~式(2-9)是根据传统旋流理论或实验数据总结得出的，由于理论假设的局限性和实验条件的不同，得到的流量系数数值也有差异。以 $R/D=1.5$ 的圆截面弯管为例，$Re=10^5$，根据上述公式求得的流量系数计算结果如表 2-1 所示。

表 2-1 各公式流量系数计算结果

公式	式(2-4)	式(2-5)	式(2-6)	式(2-7)	式(2-8)	式(2-9)	平均值
流量系数	0.935	1.02	0.961	0.98	0.996	0.987	0.9798

2.1.2 基于 N-S 方程的流量系数及求解

实际工况中，流体经闸阀流过弯管的过程十分复杂，其真实流动状态不会简单地表现为自由旋流理论或强制旋流理论的假设形式。研究表明，在弯管内流体流态不仅受弯管前闸阀开度、弯管入口处的旋涡等因素的影响，而且也受管路结构尺寸的影响，如弯管弯径比和弯管前后直管段长度等。此外，弯管内流体的黏性及其重力的影响也不可忽略，这些因素在传统自由旋流理论和强制旋流理论研究中常常被忽视。

所以，只有在微观上对弯管液流系统内流场有深入的了解和掌握，才能比较准确地得到实际工况下流场真实特性。而现代计算流体动力学的发展为此提供了全新的解决途径。

基于现代计算流体动力学建立的弯管内流体流量系数表达式为：

$$\alpha = \sqrt{Eu} = \alpha\left(Re, Fr, Ma, \frac{R}{D}, \frac{L_1}{D}, \frac{L_2}{D}, \frac{\lambda_1}{D}, \frac{\lambda_2}{D}, \frac{\lambda_3}{D}, \frac{\lambda_4}{D}, \frac{\Delta}{D}\right) \tag{2-10}$$

式中 Eu——欧拉数，$Eu = \rho v^2/p$；

Re——雷诺数，$Re = Dv/\mu$；

Fr——弗劳德数，$Fr = v^2/(gD)$；

Ma——马赫数，$Ma = v/C$，C 为声速；

R/D——弯径比；

L_1, L_2——前后直管长度；

λ_1, λ_2——外侧取压孔位置；

λ_3, λ_4——内侧取压孔位置；

Δ——管道内壁粗糙度。

对于弯管内充分展开流的流场，上式简化为：

$$\alpha = \alpha\left(Re, \frac{R}{D}\right) \tag{2-11}$$

式(2-10)和式(2-11)对于弯管系统内流体的实验研究具有极其重要的意义：

① 为流量系数定义了明确的物理意义。流量系数是欧拉数的函数，欧拉数描述了流体沿弯管流动的动能与压力的关系，流量系数描述的正是动能与压力的比值。

② 为实验提供了强有力的理论指导。流量系数是雷诺数和弯径比的函数，与弯管的直径、流体的密度和黏度均没有直接的关系，动压实验不必关注弯管的具体尺寸和流体介质的形式，只要保证雷诺数和弯径比一致，流量系数必然相同，这为设计弯管动压实验提供了便利。

③ 对于弯径比确定的弯管，流量系数只随雷诺数变化。

由于式(2-10)和式(2-11)中的流量系数求解不是一个简单的数学解析式，而流体流动特性的方程是 N-S 微分方程，所以，必须通过求解 N-S 方程得到流量系数与雷诺数、弯径比的关系曲线。图 2-2 为流量系数与雷诺数

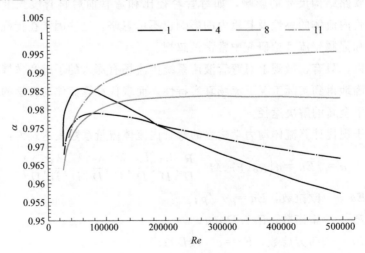

图 2-2 流量系数与雷诺数和弯径比关系曲线

和弯径比关系曲线。1、4、8、11 为不同的弯径比，从图中可知，弯管弯径比、雷诺数对流量系数的影响是明显的，具有特定的规律性。

2.2 液流系统流场动压实验研究

2.2.1 流场动压实验工作原理

在弯管内侧和外侧打孔布置一定数量的压差传感器，当流体通过弯管时，由于受弯管的约束，流体被迫做类圆弧运动，其运动产生的离心力作用于弯管内壁，使弯管内外两侧之间产生一个压力差，并由安装好的传感器采集压差数据。该压差值的大小与流体的密度、平均流速、弯管的曲率半径有关，并遵循牛顿运动定律：

$$F = \frac{m\bar{v}^2}{R} \quad (2-12)$$

式中，F 表示流体对弯管施加的离心力；m 表示流体质量；$\bar{v}$ 表示流体在弯管中的平均流速；R 表示弯管中心曲率半径。

图 2-3 为弯管液流系统动压实验的工作原理图。连接弯管内、外侧 22 个测压孔的 11 台差压变送器，通过选择与分流管的不同连接方式可以测量对应内侧任何一个测点的外侧压力分布，同理也可以测量对应外侧任何一个测点的内侧压力分布，并且测量内侧压力分布和外侧压力分布的切换过程可以通过转换导压管阀门的开关位置快速完成，实现在同一流速下对内外侧压力分布的快速转换测量。

2.2.2 流场动压实验方案及步骤

实验前先将整个系统按 1∶5 比例缩小，选用与闸阀腔内结构相同、通径 100mm 的手动闸阀，管路直径 100mm、弯径比为 1.5 的弯管，传感器型号为 ZC06041。为了能真实反映弯管系统压力分布，在弯管及直管段

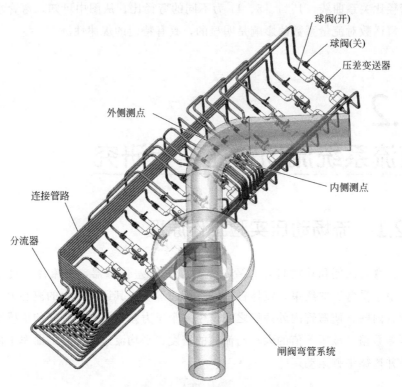

图 2-3 弯管液流系统动压实验的工作原理图

内侧和外侧的水平中心线上分别钻直径 1mm 的测压孔，内、外侧各取 11 个，图 2-4 为弯管系统测压孔分布示意图，表 2-2 为弯管系统测点位置参数。

表 2-2 弯管系统测点位置参数

位置	1	2	3	4	5	6	7	8	9	10	11
内侧孔	直管段处	5°	15°	22.5°	35°	45°	55°	65°	75°	85°	直管段处
外侧孔	直管段处	5°	15°	22.5°	35°	45°	55°	60°	70°	85°	直管段处

实验系统的流量确定采用质量流量，高精度温度、压力实时补偿方案。实验设备及技术参数如表 2-3 所示。实验系统的压力 $p=1\text{MPa}$，实验介质为水，实验温度 $T=25℃$，闸阀开度有 8 种状态（详见表 1-2 闸阀 8 个开度状态参数）。

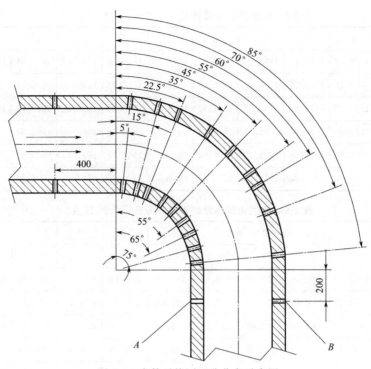

图 2-4　弯管系统测压孔分布示意图

表 2-3　实验设备及技术参数

序号	设备名称	型号及技术参数要求
1	电子秤	EJA110A-DLS5A-22NC,精度为 0.5‰
2	压差变送器	量程 0~4kPa,精度 0.1%
3	二次表	精度为 0.5‰,能同时记录并打印 11 台压差变送器的测量值,计算及打印出每一台的瞬时及累积流量

2.2.3　流场动压实验结果及与计算结果相互验证

实验中,流速分别取 $v=0.5\text{m/s}$、$v=1.0\text{m/s}$、$v=2.0\text{m/s}$、$v=3.0\text{m/s}$,最终获取了 26258 组数据,初步分析后发现数据具有良好的重复性,故从中筛选出 382 组典型数据进行详细分析。表 2-4 为闸阀全开时一组典型外侧压差数据(流速 $v=3.2\text{m/s}$),表 2-5 为闸阀全开时一组典型内侧压差数据(流速 $v=3.2\text{m/s}$),图 2-5 为该两组典型弯管内、外侧压差分布实验数据点图。

表 2-4 典型外侧压差数据（参考点：内侧 A 点）　　　　Pa

序号	5°	15°	22.5°	35°	45°	55°	60°	70°	85°
1	1556.42	1686.72	1755.36	1800.04	1847.36	1880.68	1860.42	1802.64	1748.72
2	1572.70	1709.76	1738.28	1782.66	1841.74	1872.94	1868.46	1823.74	1740.28
3	1570.40	1712.42	1740.12	1782.94	1846.70	1875.36	1881.14	1812.72	1747.36
4	1593.06	1692.44	1738.50	1810.64	1844.12	1878.90	1882.46	1798.94	1748.62
5	1560.88	1709.38	1738.72	1796.90	1837.74	1864.24	1871.74	1808.42	1735.62
平均值	1570.69	1702.14	1742.20	1794.64	1843.53	1874.42	1872.84	1809.29	1744.12

表 2-5 典型内侧压差数据（参考点：外侧 B 点）　　　　Pa

序号	5°	15°	22.5°	35°	45°	55°	65°	75°	85°
1	1176.90	847.30	476.72	280.72	452.72	556.72	658.94	981.08	1090.64
2	1157.38	841.78	460.28	277.30	444.94	538.72	655.38	985.74	1111.74
3	1170.42	838.46	456.96	264.92	447.30	536.70	648.44	976.24	1088.24
4	1160.32	840.66	462.62	264.28	451.34	545.08	651.30	972.96	1100.94
5	1165.30	848.92	474.46	267.32	454.88	543.58	656.92	966.38	1092.36
平均值	1166.06	843.42	466.21	270.91	450.24	544.16	654.20	976.48	1096.78

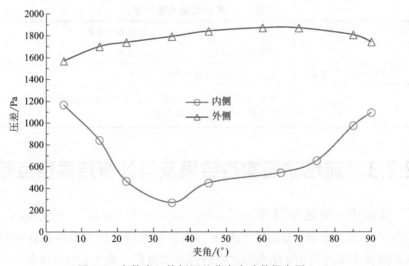

图 2-5　弯管内、外侧压差分布实验数据点图

由表 2-4、表 2-5 和图 2-5 可以看出：当流体通过弯管时，内部流体被迫做类圆弧运动，其运动产生的离心力造成弯管外侧压力明显高于内侧压

力，内外侧压差在刚进入弯管和出弯管处较小，在 40°左右处最大，达到了 1500Pa。

对四种流速进行 N-S 方程求解，并将求解结果与实验数据相互验证。如图 2-6 所示为在不同流速下液流系统内、外侧压差的数值解与实验数据比较。由图 2-6 分析可以看出，实验数据与理论求解结果基本一致（图中的曲线为求解 N-S 方程得到的数值解，数据点为实验获取数据），除个别偏差达到 6%以外，其余偏差均在 3%以内。这些偏差除了计算公式本身和实验不可避免的误差外，最主要原因就是前端闸阀对流体的扰动影响造成弯管进口处真实流体特性发生变化，以至于个别实验数据与理论数据偏差略大，但这些流场的实时变化很难通过实验掌握，所以后期需通过有限元仿真模拟详细的内部流体流场特性。

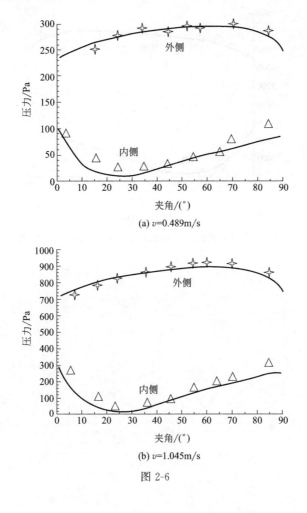

(a) $v=0.489$m/s

(b) $v=1.045$m/s

图 2-6

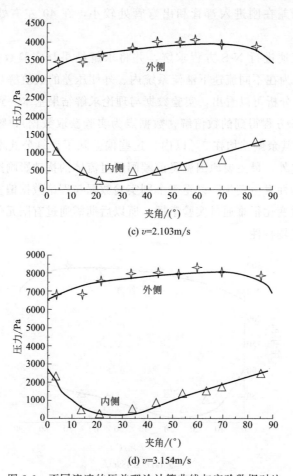

(c) $v=2.103$m/s

(d) $v=3.154$m/s

图 2-6 不同流速的压差理论计算曲线与实验数据对比

第 3 章
闸阀关闭过程中液流系统双向耦合流场特性分析

闸阀弯管液流系统内高温高压蒸汽流的不稳定流动是引起系统振动噪声的主要原因,高温高压闸阀阀体内结构复杂,实验手段一直是主要的研究手段,但实验手段无法获得内部流体详细的流态变化信息,使得对闸阀及管路的结构优化只能靠设计人员的经验和对内部流体流动假设的不断尝试,很难得到最优的结果。

实际工况中,闸阀关闭过程会使液流系统内蒸汽流体压力、流速等参数发生突变,闸板开度越小,闸板对内部高温高压蒸汽流体的扰流作用越明显,加上阀后曲率的影响,流体在弯管截面上会产生二次流动,出现涡旋结构,在湍流边界层上形成连续的脉动压力,造成其内部流体湍流愈加剧烈、复杂;其次,实际工况中除了闸板节流和弯管旋流会导致内部流体流动特性突变外,流体还会将其压力、温度、对流载荷等作用于闸阀和管道,导致闸阀和管道产生应力变形,而闸阀和管道的应力变形反过来也会影响内部流体域。这些影响相互作用,使内部流体流态更加复杂、不稳定,致使液流系统产生剧烈的振动和辐射噪声,严重影响舰船的隐蔽性和稳定性。因此,本章采用 CFD 加实验验证的方式,重点研究分析高温高压工况下闸阀动态关闭过程中液流系统内流场特性及参数的变化规律,为下一步对液流系统振动噪声特性的研究及基于减振降噪的结构优化提供重要依据。

本章采用 SST k-ω 模拟方法对闸阀关闭过程中液流系统双向流固耦合行为进行模拟分析,深入研究液流系统内高温高压蒸汽流体的动力行为及特性,获得闸阀关闭过程中液流系统内流体速度分布、压力分布、湍动能分布等特性规律。

① 通过将闸阀处于开度 A(全开)工况时的内部流场模拟结果与弯管流场动压分布实验结果进行对比验证,证明基于 SST k-ω 模拟方法的有限元仿真方法能较准确地模拟实际工况中闸阀弯管液流系统内流场流态变化,可用于模拟研究液流系统蒸汽流体稳态动力学行为及特性。

② 通过 SST k-ω 模拟方法获得闸阀动态关闭过程中液流系统内稳态流场特性及参数的变化规律,研究表明:闸阀弯管液流系统内流体流动特性主要受闸板扰流作用和弯管旋流影响,其中闸板的扰流作用对闸阀后部弯管内流场流动特性的影响主要在于加强了对内部流场的扰动作用,使蒸汽流体在流动过程中产生湍流、回流及二次流等不规则流动现象。

③ 在闸阀逐渐关闭过程中,闸阀和弯管对内部蒸汽流体流动特性影响程度截然不同,表现为:闸阀开度越小,流体受闸阀扰流作用影响越明显,湍流越复杂,流量系数越小,流阻系数越大,前后压差越大,压力损耗也就越大。

3.1 液流系统流场数值模拟方法及耦合方式

3.1.1 液流系统流场数值模拟计算流体动力学基础

计算流体动力学（Computational Fluid Dynamics，CFD）是流场仿真分析的主要依据，以物理问题为目标，来描述液流系统内部流场特性的数值解。

液流系统流场数值模拟计算流体动力学的基础就是采用数值计算法，即通过计算机求解表征内部流体流动特性的数学方程组，得到液流系统内部流场中复杂的压力、速度、温度等云图的变化规律，最终掌握内部流体的真实流动特性。液流系统内部流体的流动遵循物理守恒定律，即能量守恒、动量守恒、质量守恒。本书研究的液流系统内流动的介质是高温高压蒸汽，流动状态为湍流，并伴随着热传递，其三维黏性非定常湍流守恒方程分别为：

(1) 液流系统内流体质量守恒方程

基于液流系统内流场质点尺寸，建立流体微元体的质量守恒微分方程。

$$\frac{\partial \rho}{\partial t}+\frac{\partial(\rho u)}{\partial x}+\frac{\partial(\rho v)}{\partial y}+\frac{\partial(\rho w)}{\partial z}=0 \tag{3-1}$$

式中，ρ 表示液流系统内流体密度，kg/m^3；t 表示时间，s；u、v、w 分别表示流体速度矢量沿 x、y、z 方向的速度分量，m/s。

(2) 液流系统内流体动量守恒方程

动量守恒方程也称流体运动学方程，指液流系统内流体中所有微动量随时间的变化率等于微元体上所有外力的总和。当流体为均匀介质不可压缩常黏度流体时，在 x、y、z 三个方向上的动量方程可以分别表示为：

$$\rho\left(\frac{\partial u}{\partial t}+u\frac{\partial u}{\partial x}+v\frac{\partial u}{\partial y}+w\frac{\partial u}{\partial z}\right)=\rho f_x-\frac{\partial p}{\partial x}+\frac{\partial \tau_{xx}}{\partial x}+\frac{\partial \tau_{yx}}{\partial y}+\frac{\partial \tau_{zx}}{\partial z} \tag{3-2a}$$

$$\rho\left(\frac{\partial v}{\partial t}+u\frac{\partial v}{\partial x}+v\frac{\partial v}{\partial y}+w\frac{\partial v}{\partial z}\right)=\rho f_y-\frac{\partial p}{\partial y}+\frac{\partial \tau_{xy}}{\partial x}+\frac{\partial \tau_{yy}}{\partial y}+\frac{\partial \tau_{zy}}{\partial z} \tag{3-2b}$$

$$\rho\left(\frac{\partial w}{\partial t}+u\frac{\partial w}{\partial x}+v\frac{\partial w}{\partial y}+w\frac{\partial w}{\partial z}\right)=\rho f_z-\frac{\partial p}{\partial z}+\frac{\partial \tau_{xz}}{\partial x}+\frac{\partial \tau_{yz}}{\partial y}+\frac{\partial \tau_{zz}}{\partial z} \tag{3-2c}$$

式中，u、v、w 分别表示 x、y、z 方向上的速度分量；p、t、ρ 和 τ 分别表示压力、时间、密度和黏性应力；f_x、f_y、f_z 单位质量力，其中 $f_x=0$，$f_y=0$，$f_z=-g$。

式(3-2) 为均质不可压缩牛顿流体的纳维-斯托克斯方程，习惯上将其简称 N-S 方程。N-S 方程是牛顿第二定律应用于不可压缩牛顿流体三维体积流体的表达式，其物理意义是：质量×加速度（惯性力）＝体积力＋压差力（压强梯度）＋黏性力（黏性应力散度）。

（3）液流系统内流体能量守恒方程

$$\frac{\partial(\rho T)}{\partial t}+\frac{\partial(\rho uT)}{\partial x}+\frac{\partial(\rho vT)}{\partial y}+\frac{\partial(\rho wT)}{\partial z}$$
$$=\frac{\partial}{\partial x}\left(\frac{k}{c_p}\times\frac{\partial T}{\partial x}\right)+\frac{\partial}{\partial y}\left(\frac{k}{c_p}\times\frac{\partial T}{\partial y}\right)+\frac{\partial}{\partial z}\left(\frac{k}{c_p}\times\frac{\partial T}{\partial z}\right)+S_r \tag{3-3}$$

式中，k 表示介质热导率，W/(m·K)；T 表示温度，K；S_r 表示流体黏性耗散系数；c_p 表示比定压热容，kJ/(kg·K)。

（4）液流系统内流体运动方程

可采用 Galerkin 离散法，求解得到液流系统流体运动方程：

$$H\boldsymbol{p}+A\dot{\boldsymbol{p}}+E\ddot{\boldsymbol{p}}+\rho B\ddot{\boldsymbol{r}}+\dot{\boldsymbol{q}}_0=\boldsymbol{0} \tag{3-4}$$

$$H=\iiint_{\Omega}\nabla\boldsymbol{N}\cdot\nabla\boldsymbol{N}^{\mathrm{T}}\mathrm{d}\Omega \tag{3-5}$$

$$A=\frac{1}{C}\iint_{S_r}\boldsymbol{N}\boldsymbol{N}^{\mathrm{T}}\mathrm{d}S_r \tag{3-6}$$

$$E=\frac{1}{C^2}\iiint_{\Omega}\boldsymbol{N}\boldsymbol{N}^{\mathrm{T}}\mathrm{d}\Omega+\frac{1}{g}\iint_{S_F}\boldsymbol{N}\boldsymbol{N}^{\mathrm{T}}\mathrm{d}S_F \tag{3-7}$$

$$B=\left(\iint_{S_1}\boldsymbol{N}\boldsymbol{N}^{\mathrm{T}}\mathrm{d}S_1\right)\boldsymbol{\Lambda} \tag{3-8}$$

式中，$\boldsymbol{p}$ 表示介质动压力；ρ 表示介质密度；$\boldsymbol{r}$ 表示介质边界法向量；$\boldsymbol{q}_0$ 表示介质导入激励矢量；$\boldsymbol{N}$ 表示形状函数矢量；Ω 表示介质流体域体积；S_F 表示介质自由表面位置表面积；C 表示介质压缩波速度；S_r 表示介质边界表面积；S_1 表示流固耦合面表面积；g 表示重力加速度；$\boldsymbol{\Lambda}$ 表示坐标变形矩阵。

3.1.2 液流系统耦合数值模拟方法

液流系统内流体是湍流，其是一种复杂的相互掺混、无规律、多尺度的流体质点流动状态。湍流里流体质点的每个物理量（如温度、压力与速度等）都会随时间与空间发生不可测量的变化。内部流体的湍流可看作是由形状尺寸及运动不规则的涡旋叠加而形成的，运动中流体内涡旋的碰撞及破碎会引起流体的不规则压力脉动，其中大尺度涡旋极易诱发液流系统产生低频振动，而小尺度涡旋常会诱发系统高频脉动。

对于此类计算量庞大、湍流复杂的液流系统流固耦合问题，很难采用一般的计算理论和物理实验方法得到其流动特性，只能通过现代有限元数值模拟技术解决。目前常用的三种流体数值模拟方法是：直接数值模拟（DNS）、雷诺平均模拟（RANS）、大涡模拟（LES）。本书分别采用雷诺平均模拟（RANS）和大涡模拟（LES）对液流系统进行稳态和瞬态模拟分析。

（1）液流系统雷诺平均模拟（RANS）方法

雷诺平均模拟方法在工程中最常用，是将内部介质的质量、动量及能量计算平均后，建立数学模型并计算求解，即用脉动量和时均量替代流体控制方程中的流场速度，系统表达式为式(3-9)～式(3-11)。因其只计算湍流涡旋的平均运动，计算量虽小，却无法模拟流体的时域变化特征。

$$\frac{\partial \rho_f}{\partial t}+\frac{\partial}{\partial x_j}(\rho_f U_f)=0 \tag{3-9}$$

$$\frac{\partial(\rho_f U_i)}{\partial t}+\frac{\partial(\rho_f U_i U_j)}{\partial x_j}=\frac{\partial p}{\partial x_i}+\frac{\partial}{\partial x_j}\left(\tau_{ij}-\rho\overline{u'_j u'_i}\right)_j+S \tag{3-10}$$

$$\frac{\partial(\rho_f U_i h_{tot})}{\partial x_j}=\frac{\partial}{\partial x_j}\left(\frac{\lambda \partial T}{\partial x_j}-\rho_f \overline{u_j u_i}\right)+\frac{\partial}{\partial x_j}[U_i(\tau_{ij}-\rho_f \overline{u_i u_j})]+S_E \tag{3-11}$$

因在控制方程中增加了雷诺应力项$-\rho_f\overline{u_i u_j}$，造成公式不封闭，故引入由雷诺应力模型和涡黏模型构建的附加方程，使控制方程封闭以便求解。假定雷诺应力与平均流速应变率是线性变化的，平均流速被确定后，只要再确定涡黏系数便可得到雷诺应力：

$$\overline{u_i u_j}=-v_t\left(U_{i,j}+U_{j,i}+\frac{2}{3}U_{k,k}\delta_{ij}\right)+\frac{2}{3}k\delta_{ij} \tag{3-12}$$

式中，h_{tot}为流体总焓；λ为流体导热系数；S_E为能量方程的源项；S为动量方程的源项；$\partial(U_i\tau_{ij})/\partial x_j$为机械能由于流体黏性作用转换为热能的部分；$U$为弯管内流体速度；$f$表示流体；$\rho$为密度；$t$为时间；$T$为温度；$\tau$为表示黏滞应力张量的相应分量；$p$为压强；$u$为略去平均符号的雷诺平均速度分量；$k$表示流体湍动能，$k=\frac{1}{2}\overline{u_i u_j}$；$v_t$表示流体涡黏系数；

δ 为 Kronecker 符号。

同时，因为涡黏系数各项同性，可通过添加附加湍流量（如湍动能 k、耗散率 ε、比耗散率 ω）延伸多种湍流模型。常用以下 3 种：

标准 $k\text{-}\varepsilon$ 模型——最简单、应用最广泛，但流体在弯曲管路内流动、流体出现强烈涡旋时，模拟结果与实际结果偏差较大。

RNG $k\text{-}\varepsilon$ 模型——为充分考虑涡旋的影响，在标准 $k\text{-}\varepsilon$ 中引入扩散项修正系数，研究复杂的涡流、剪切流时较标准 $k\text{-}\varepsilon$ 精度更高。

SST $k\text{-}\omega$ 模型——考虑了湍流剪切应力的 $k\text{-}\omega$ 模型，即在近壁面采用 $k\text{-}\omega$ 模型，在边界层采用 $k\text{-}\varepsilon$ 模型，并在两个模型之间采用混合过渡函数。该模型可精确地模拟流体涡旋的变化和负压力梯度下流体的分离量，其结果具有更高的准确度。

（2）液流系统大涡模拟（LES）方法

液流系统内湍流中较大尺寸的涡旋对整个内部流体的动量及能量运输起决定作用，几乎包含了全部湍流动能。所以，在湍流的数值模拟分析中，我们对较大尺寸的湍流直接求解，对较小尺寸的湍流建立对大尺寸涡旋运动作用模型求解。LES 可在保证模拟精度的前提下，有效降低数值模拟计算难度，但可提供更多、更全面的液流系统内流体时域特性信息。

液流系统大涡模拟控制方程：

$$\frac{\partial \overline{u_i}}{\partial t} + \frac{\partial \overline{u_i u_j}}{\partial x_j} = -\frac{1}{\rho}\frac{\partial \overline{p}}{\partial x_i} + v\frac{\partial^2 \overline{u_i}}{\partial x_j \partial x_j} + \overline{f_i} \tag{3-13}$$

$$\frac{\partial \overline{u_i}}{\partial x_i} = 0 \tag{3-14}$$

式中，ρ 为密度；f_i 为体积矢量的大小；t 为时间；p 为压强；$\overline{u}$ 为雷诺平均速度分量。

3.1.3 液流系统耦合理论及方式

目前，在研究充液管路系统流固耦合问题时，均假设温度恒定，即忽略温度场变化对流体流场及固体结构应变的影响。但研究的闸阀液流系统中的流体介质温度高达 360℃，温度对固体结构的影响已不能忽视，仅仅通过流固耦合得到的结果也不准确。故本书将温度场引入到流固耦合分析中，考虑流场、温度场和固体结构组成的耦合系统中三者之间的相互作用，同时将流体的脉动压力、结构质点的应变、温度变量作为分析基本变量，研究液流系统内介质的流体特性、结构应变及模态。

(1) 流固耦合

流固耦合分析（Fluid-Structure Interaction Analysis）是将流体特性分析和固体结构分析交叉耦合而形成的研究方法，其主要研究固体结构在流场作用下的各种结构特性及固体变形对流场特性反作用影响。流固耦合在分析问题时，同时考虑了流体和固体结构特性，其分析结果比单纯的流场分析或固体结构分析更真实可靠。所以，流固耦合分析在工程设计中应用越来越广泛，可以有效地降低研发过程试验次数，缩短研发周期，降低研发成本。

液流系统流固耦合分析涉及流体与固体间的数据传递，且遵循在流体与固体交界面上的能量守恒原则：流体与固体的位移、应力、温度、热流量等参数变量应相等或相互守恒。其传递守恒表达式为：

$$\begin{cases} \boldsymbol{\tau}_f \cdot \boldsymbol{n}_f = \boldsymbol{\tau}_s \cdot \boldsymbol{n}_s \\ \boldsymbol{d}_f = \boldsymbol{d}_s \\ q_f = q_s \\ T_f = T_s \end{cases} \quad (3\text{-}15)$$

式中，d 表示位移；τ 表示应力；n 表示方向矢量；T 表示温度；q 表示热流量；f 表示流体；s 表示固体结构。

(2) 热固耦合

热力学主要包括热传导、热对流和热辐射三种基本形式。本章在研究液流系统耦合热应力应变时，主要使用有限元方法求解，通过 ANSYS 求解系统内部流场的压力场和温度场，并作为载荷施加在固定边界上，由耦合分析得到结构的热应力、热变形，其理论模型为：

$$\boldsymbol{\sigma} = \boldsymbol{D}(\boldsymbol{\varepsilon} - \boldsymbol{\varepsilon}_0) \quad (3\text{-}16)$$

式中，$\boldsymbol{\sigma}$ 表示热应力；$\boldsymbol{D}$ 表示弹性矩阵；$\boldsymbol{\varepsilon}$ 表示由温度变化引起的结构变形，表示为：

$$\boldsymbol{\varepsilon} = \alpha^F [1 \ 1 \ 1 \ 0 \ 0 \ 0]^T \quad (3\text{-}17)$$

式中，α^F 表示温度 F 时的热胀系数。

式(3-16)中的 $\boldsymbol{\varepsilon}$ 在有限元分析（FEM）中可以由式(3-18)求得

$$\boldsymbol{\varepsilon} = \boldsymbol{B}\boldsymbol{\delta}^e \quad (3\text{-}18)$$

式中，$\boldsymbol{B}$ 表示结构应变矩阵；$\boldsymbol{\delta}^e$ 表示节点位移，由式(3-19)求出

$$\boldsymbol{K}\boldsymbol{\delta}^e = \boldsymbol{Q}_r \quad (3\text{-}19)$$

式中，K 表示结构刚度矩阵；Q_r 表示结构受到的热载荷。

采用静态热结构分析求解热静力载荷下的液流系统固体结构应力、应变变化规律，其有限元方程为：

$$\boldsymbol{\varepsilon} = \boldsymbol{\varepsilon}^{\text{th}} + \boldsymbol{D}^{-1}\boldsymbol{\sigma} \tag{3-20}$$

$$\boldsymbol{\varepsilon}^{\text{th}} = \Delta T [\alpha_x^s \quad \alpha_y^s \quad \alpha_z^s \quad 0 \quad 0 \quad 0]^T \tag{3-21}$$

式中 $\boldsymbol{\varepsilon}$——总应变量，$\boldsymbol{\varepsilon} = [\varepsilon_x \quad \varepsilon_y \quad \varepsilon_z \quad \varepsilon_{xy} \quad \varepsilon_{yz} \quad \varepsilon_{xz}]^T$；

ΔT——温度变化量，$\Delta T = T - T_r$，T 为当前温度，T_r 为参考温度；

$\alpha_x^s, \alpha_y^s, \alpha_z^s$——结构单元在 x、y、z 方向上的正切热胀系数；

$\boldsymbol{\sigma}$——应力矢量，$\boldsymbol{\sigma} = [\sigma_x \quad \sigma_y \quad \sigma_z \quad \sigma_{xy} \quad \sigma_{yz} \quad \sigma_{xz}]^T$；

$\boldsymbol{D}$——刚度矩阵，其可逆矩阵 $\boldsymbol{D}^{-1}$ 由以下公式求解得到

$$\boldsymbol{D}^{-1} = \begin{bmatrix} \dfrac{1}{E_x} & -\dfrac{v_{xy}}{E_x} & -\dfrac{v_{xz}}{E_x} & 0 & 0 & 0 \\ -\dfrac{v_{yx}}{E_y} & \dfrac{1}{E_y} & -\dfrac{v_{yz}}{E_y} & 0 & 0 & 0 \\ -\dfrac{v_{zx}}{E_z} & -\dfrac{v_{zy}}{E_z} & \dfrac{1}{E_z} & 0 & 0 & 0 \\ 0 & 0 & 0 & \dfrac{1}{G_{xy}} & 0 & 0 \\ 0 & 0 & 0 & 0 & \dfrac{1}{G_{yz}} & 0 \\ 0 & 0 & 0 & 0 & 0 & \dfrac{1}{G_{xz}} \end{bmatrix} \tag{3-22}$$

式中，E_x、E_y、E_z 表示材料弹性模量；v_{xy}、v_{yx}、v_{xz}、v_{zx}、v_{yz}、v_{zy} 表示材料泊松比；G_{xy}、G_{yz}、G_{xz} 表示材料剪切模量。

(3) 液流系统耦合方式确定

根据数据传递方式的不同，耦合分为单向耦合和双向耦合。单向耦合只是将流体分析结果（如压力、温度、对流载荷等）传递给固体结构分析，这种耦合方式的数据传递是单向的，只考虑了流体对结构的作用，忽略固体结构对流体的反向影响。单向耦合适用于固体结构变形不大、只考虑静力学特性且对流体特性分析影响较小的场合。如果再将固体结构分析数据反馈至流体进行分析，就是双向耦合。因为双向耦合结果更接近真实情况，且本书要

研究液流系统振动等复杂动力学特性，故必须采用双向耦合方式。如图 3-1 所示为液流系统多物理场双向耦合方式示意图。

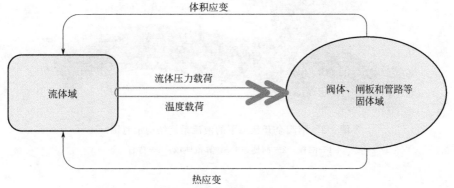

图 3-1　液流系统多物理场双向耦合方式示意图

3.2 液流系统模型建立及参数设置

闸阀弯管液流系统内部流体流动是复杂的三维非定常湍流流动，在闸阀关闭过程中通过对内部流场稳态数值模拟，可以得到各个开度下准确的内部流体压力场和温度场分布情况，进一步得到闸阀和管路固体结构件的应力应变情况，最终完成液流系统双向耦合模拟。

3.2.1　液流系统三维建模

首先根据闸阀不同开度的闸板位置参数，在 Solidworks 软件中将整个闸阀及管路进行三维建模，将不影响流体流动和结构性能的结构及几何形状，如倒角、安装孔等实体进行简化处理，并进行布尔实体运算，得到整个液流系统的计算流体域，其中，液流系统计算流体域就是闸阀和管道内部充满流体后所占的空间。以闸阀开度 A 为例，图 3-2 为闸阀全开状态下的液流系统结构示意图。

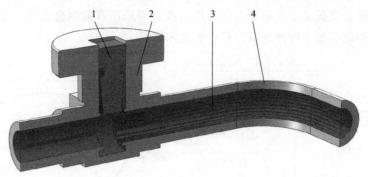

图 3-2 闸阀全开状态下的液流系统结构示意图
1—闸板；2—阀体；3—计算流体域；4—弯管

3.2.2 网格划分

网格划分就是对目标域离散化处理，即用离散的节点来处理连续的目标域，其实质就是对连续控制方程离散，并用数值方法将表述目标域的偏微分方程转换成离散节点上的代数方程，最终实现求解整个目标域。

(1) 固体结构部分网格划分

对于闸阀及管路等固体结构部分，为了兼顾分析效率和计算精度，直接在 Workbench 下选择 Mesh 模块，采用十节点四面体单元的自由网格划分，并在接触面、耦合面以及需要重点考虑的部位做细化网格处理，网格数量约为 173 万。图 3-3 为阀体、闸板、管路结构部分网格划分示意图。

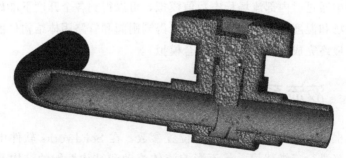

图 3-3 阀体、闸板、管路结构部分网格划分示意图

(2) 流体域部分网格划分

采用 ICEM CFD 对各开度下流体域进行网格划分。由于流体域形状复杂，为实现全六面映射网格划分，采用重叠网格来实现全六面体结构网格的

划分。如图 3-4 所示，把整个流体域网格分为两部分，管道部分为背景网格、闸阀部分为前景网格，并为流体区域划分 5 层边界层网格，首层网格厚度为 1mm，网格数量约为 418 万。

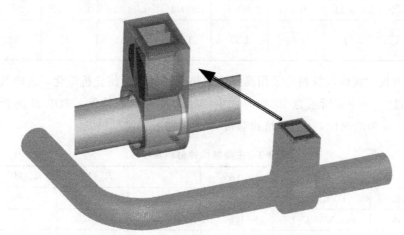

图 3-4　计算流体域整体及闸阀局部网格划分

3.2.3　仿真参数设置

为了更好地模拟边界层的流动状态，采用 FLUENT 的 SST k-ω 湍流模型进行求解，采用压力出口边界条件。高温高压蒸汽流经一段管道后进入闸阀，因此可以假定闸阀入口处的蒸汽参数是相对稳定一致的，即蒸汽是均匀的。

阀体、闸板、管路与流体接触的表面为流体分析的固体边界，由于高温高压蒸汽的黏性作用，可以认为蒸汽与固体边界表面之间没有相对滑动，因此，将固体边界条件全部设为 No Slip。表 3-1 为液流系统不同开度下模拟计算设置参数，分析时为了使计算速度合理，SST k-ω 湍流模型的边界层的尺度取 $Y^+=30\sim100$。

表 3-1　液流系统不同开度下模拟计算设置参数

闸阀状态	开度 A	开度 B	开度 C	开度 D	开度 E	开度 F	开度 G
入口速度 /(m/s)	10	9.2	8.5	7.6	6.2	4.5	3
黏性底层 $Y^+=30$	1.66×10^{-5}	1.8×10^{-5}	1.93×10^{-5}	2.14×10^{-5}	2.59×10^{-5}	3.49×10^{-5}	5.08×10^{-5}
$Y^+=100$	5.54×10^{-5}	5.98×10^{-5}	6.44×10^{-5}	7.15×10^{-5}	8.63×10^{-5}	11.63×10^{-5}	16.94×10^{-5}

续表

闸阀状态	开度 A	开度 B	开度 C	开度 D	开度 E	开度 F	开度 G
网格设置	5×10^{-5}	5×10^{-5}	5×10^{-5}	5×10^{-5}	5×10^{-5}	5×10^{-5}	1×10^{-4}
雷诺数	2.40×10^{7}	2.21×10^{7}	2.04×10^{7}	1.82×10^{7}	1.49×10^{7}	1.08×10^{7}	7.20×10^{6}
入口湍流强度/%	1.91	1.93	1.95	1.98	2.03	2.11	2.22

闸板、阀体及管路均采用高强度耐热不锈钢（为使分析简化，忽略其他结构件），表 3-2 所示为 360℃时的主要结构件材料及特性，表中 E 为弹性模量，μ 为泊松比，R_m 为抗拉强度，σ_s 为屈服强度。

表 3-2　主要结构件材料及特性

部位	材料	E/GPa	μ	R_m/MPa	σ_s/MPa
闸板	12CR18Ni9	184	0.243	1250	1050
阀体	2Cr12NiMo1W1V	198	0.29	730	606
管路	Z2CND18-12	206	0.3	520	270

3.3 闸阀关闭过程中系统耦合模拟及结果分析

通过 System Coupling 模块，将 FLUENT 求解的压力结果传输到 Mechanical 模块中作为边界条件进行计算，Mechanical 模块计算完成后再将位移结果交换到 FLUENT 中更新流体的计算域。为了使网格具有更好的质量，采用 FLUENT 弹簧光顺（Spring Smoothing）和重新划分网格等动网格功能对流体域进行网格更新，设置 FLUENT 每隔 100 个迭代步和 Mechanical 模块进行一次数据交换并更新网格，当相邻两次交换数据的变化量小于 10^{-3} 时可认为计算已经收敛，如图 3-5 所示为耦合收敛监视图。先采用迎风一阶差分方式初算，再选择中心二阶格式计算，用迎风一阶差分结果初始化中心二阶差分计算，以提高计算精度。另外，先选用单精度进行求解，当计算收敛后改为双精度计算。

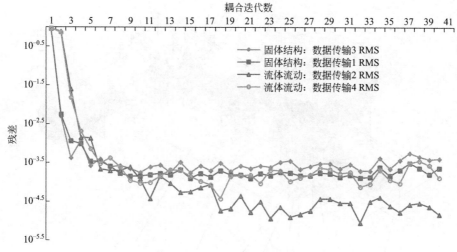

图 3-5 液流系统耦合收敛监视图

3.3.1 耦合模拟流场分析截面确定

根据实验和有限元分析的需要，在闸阀弯管液流系统上选取 21 个分析截面，如图 3-6 所示为液流系统分析截面分布示意图，以闸阀在管路通径轴线和闸阀对称中心线的交点为液流系统坐标原点，管路轴线方向为 X 轴，沿闸板竖直方向为 Z 轴。在闸阀区域截取 X0～X6 共 7 个截面，后部弯管区域截取 C1～C13 共 13 个分析截面，表 3-3 所示为分析截面具体位置参数，本书在流场计算结果后处理中将重点以选取的 22 个截面为基础研究流场特性及规律。

表 3-3 分析截面具体位置参数

截面序号	X0	X1	X2	X3	X4	X5	X6	Y	Z	C1	C2
位置参数	−660mm	−160mm	−80mm	X=0mm	80mm	160mm	1360mm	Y=0mm	Z=0mm	2500mm	5°
截面序号	C3	C4	C5	C6	C7	C8	C9	C10	C11	C12	C13
位置参数	15°	22.5°	28.5°	35°	45°	55°	65°	70°	75°	85°	Y=2500mm

注：截面 C2～C12 角度值为该界面与 X3 截面夹角。

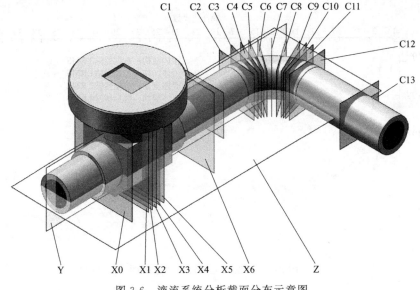

图 3-6 液流系统分析截面分布示意图

3.3.2 内部流场耦合模拟结果及实验验证

为验证有限元数值模拟结果准确性，参照图 2-4 弯管系统测压孔分布示意图及动压实验条件，将闸阀全开时的耦合结果进行分析整理，选取相应截面，获取模拟数值，换算后与液体动压实验中得到的对应位置的压力值进行比较。

3.3.2.1 内部流场耦合模拟结果分析

有限元模拟时，将仿真的入口流速设置为 3.22m/s，压力设置为 1MPa，其他设置不变。通过分析获得了 X1～X5 截面（详细分布见 3.3.1 节）及 C1～C13 截面上流体域的压力分布图和与液体动压实验对应点的截面压力分布图，如图 3-7 所示为各截面流体域压力分布总图。X1～X5 截面：闸阀阀体及闸板在流体方向上以闸板中心为 X3 中间截面，以 80mm 为间隔，前后各设置两个分析截面，即 X1、X2、X4、X5。图 3-8～图 3-12 分别为 X1～X5 截面上的压力和速度流线分布图。与实际工况模拟结果相比，压力分布情况基本一致。因篇幅有限，将分布情况类似的截面整理归类，表 3-4 为 C1～C13 截面压力与流线分布情况统计表。

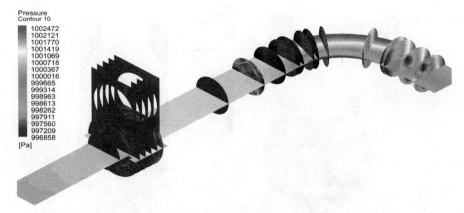

图 3-7　各截面流体域压力分布总图

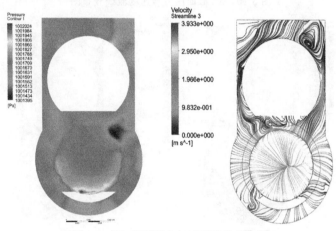

图 3-8　X1 截面压力与速度流线分布图

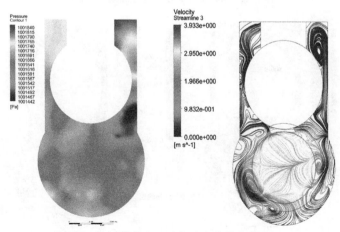

图 3-9　X2 截面压力与速度流线分布图

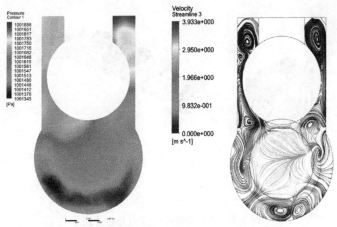

图 3-10　X3 截面压力与速度流线分布图

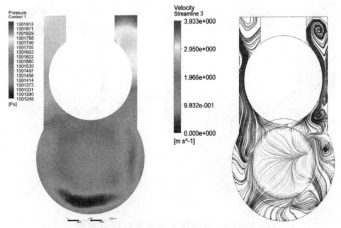

图 3-11　X4 截面压力与速度流线分布图

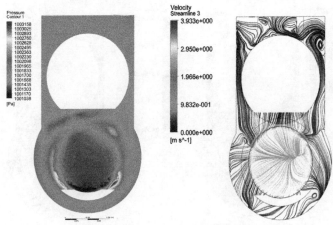

图 3-12　X5 截面压力与速度流线分布图

分析图 3-8～图 3-12 中 5 个截面的压力与速度流线分布可以得出，闸阀虽然是全开状态（闸板在最高位置），但其阀内流场与无闸阀不同，说明闸阀即使处于全开状态也会对阀内流体产生明显的扰流影响。具体分析如下：

① 在刚进入闸阀的 X1 截面上，阀内蒸汽流体在闸板竖直投影方向上产生较大的压力增加，压力最高出现在投影部分的下部（达到 2×10^{-2} MPa），其余部分压力增加基本一致（$1.4\times10^{-2}\sim1.7\times10^{-2}$ MPa）。

② 在阀体中心及附近截面（X2、X3、X4）上的压力分布云图大体一致，在闸板中心以上半密闭空间内、靠近弯管一侧，流体压力增大明显（约 1.8×10^{-2} MPa），但较 X1 截面的压力增加最大值已经下降 10%，而在闸阀闸板中心以下区域压力增加基本一致（$1.5\times10^{-2}\sim1.6\times10^{-2}$ MPa），与 X1 截面大体一致。

③ 流体即将离开闸阀进入 X5 截面区域时，压力分布明显与前面三个截面（X2、X3、X4）不同，上半部分压力明显下降，增加量由 1.8×10^{-2} MPa 降到 1.45×10^{-2} MPa 左右，增加量下降了 20%，但因流体区域从阀体到后侧管路出现截面突变（截面由大变小），所以在管路投影下半部分边缘位置压力增加明显，增加值达到了最高的 3.15×10^{-2} MPa，较前截面相同区域压力值增大约 100%。

④ 闸阀内部流体压力均有所增加，尤其在刚进入闸阀（X1 截面）和即将出闸阀（X5 截面）时，下部压力增加明显；且所有截面压力云图（尤其是高压区域）均呈现右边压力大于左边压力现象，即阀体内流体在靠近弯管内侧一侧压力要大于靠近弯管外侧一侧的压力，压力增加值差大约在 10%，因为阀体、闸板及前后直管部分均为对称建模，故这种显现肯定是由后端弯管部分造成。

⑤ 5 个截面中，在管路投影区域内速度流线分布大致相同，均呈中心向外放射状，在管路中心轴线位置流速明显增加，最高值达到 3.93m/s，较输入流速增加了 22%。在阀体内结构的扰流下，管路投影以外的区域流速很低且流线极不规则，并均出现了不同程度的涡旋现象。这种涡旋现象在阀体中心截面 X3 特别明显，流体在闸板周围产生压力波动，并在阀体上部、左右、下部均出现大量的涡旋，这是由于闸板区域的截面形状相对于管道产生了突变，导致流体内介质质点之间的相对速度发生变化，伴随着互相混杂，撞击加剧。此外，所有截面均出现流体在靠近弯管内侧一侧流速大于靠近弯管外侧的左侧流速，右侧涡旋比左侧更明显，这也是因为流体运动过程中受闸阀后面弯管旋流的影响，其影响逐渐由下游影响到上游的阀体部分。

表 3-4　C1～C13 截面压力与流线分布情况统计表

截面序号	压力分布图	速度流线分布图
C1		
C2 C3 C4		
C5 C6 C7 C8 C9		
C10 C11		

续表

截面序号	压力分布图	速度流线分布图
C12 C13	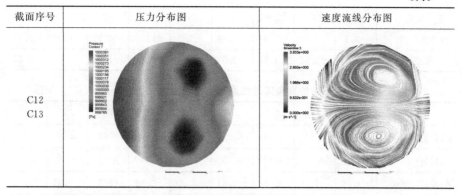	

由表 3-4 可以得出：

① 弯管区域内部流体压力较闸阀区域整体下降，在刚进入弯管区域的 C1 截面，因前端闸阀扰流及后端弯管影响，此处压力分布及流体流动比较混乱，但大致符合外侧压力大于内侧压力规律，压力变化不大（1×10^{-4} MPa 以内），并在内侧中心偏上部位形成小涡旋，中心流速达到 3.933m/s。

② 从 C2 截面开始，因流体做圆弧运动产生的离心作用，所有截面均呈现外侧压力大于内侧压力，压力由外侧向内侧逐渐递减的现象，最大压力出现在 45°夹角后截面（C5～C9 截面），压力增幅达到 2.6×10^{-2} MPa。

③ 但在弯管区域接近 90°的最后一段（C10～C11 截面），因内部流体惯性力的作用，整个截面压力继续下降，靠近弯管外侧部分压力已经下降到 1MPa 以下；在弯管后直管区域，因流体中心区域流体的反弹回流作用，在靠近弯管外侧水平中心处上下形成了两个涡旋，在涡旋中心产生流体负压，造成压力降低，形成鱼眼现象。

3.3.2.2 内部流场模拟与实验结果对比

为验证有限元模拟结果的准确性，将 2.2 节流场动压实验中得到的压差数据与计算机仿真得到的对应位置压力分布进行比较，表 3-5 为外侧压差仿真和实验数据对比，表 3-6 为内侧压差仿真和实验数据对比，图 3-13 为内外侧压差仿真和实验数据对比偏差变化曲线。

表 3-5　外侧压差仿真和实验数据对比（压力参考点：内侧 A 点）　MPa

结果	5°	15°	22.5°	35°	45°	55°	60°	70°	85°
实验值/$\times10^{-2}$	1.57	1.7	1.74	1.8	1.84	1.87	1.87	1.81	1.74
仿真值/$\times10^{-2}$	1.65	1.75	1.82	1.85	1.9	2	1.9	1.89	1.8

续表

结果	5°	15°	22.5°	35°	45°	55°	60°	70°	85°
偏差值/×10⁻⁴	−7.9	−4.79	−7.88	−5.04	−7.0	−12.26	−2.52	−6.97	−6.19
偏差/%	−5.05	−2.81	−4.52	−2.81	−3.82	−6.54	−1.34	−3.85	−3.55

表 3-6　内侧压差仿真和实验数据对比（压力参考点：外侧 B 点）　MPa

结果	5°	15°	22.5°	35°	45°	55°	65°	75°	85°
实验值/×10⁻²	1.17	0.84	0.47	0.27	0.45	0.54	0.65	0.98	1.1
仿真值/×10⁻²	1.19	0.86	0.49	0.28	0.46	0.57	0.69	0.99	1.13
偏差值/×10⁻⁴	−1.89	−1.26	−0.18	−0.51	−1.08	−2.98	−2.38	−1.25	−3.02
偏差/%	−1.62	−1.49	−0.38	−1.88	−2.39	−5.48	−3.64	−1.28	−2.75

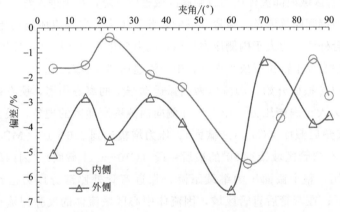

图 3-13　内外侧压差仿真和实验数据对比偏差变化曲线

从表 3-5、表 3-6 和图 3-13 内外侧压差仿真与实验数据对比可以看出：

① 内侧压差在 45°之前仿真与实验结果偏差较小，维持在 2% 左右，但在 45°之后，两者偏差幅度增大，在 65°处偏差最大，达到 5.48%，之后偏差逐渐减小，这说明 45°之前闸阀对弯管内侧影响较小，符合自由旋流理论，但随着角度增大，弯管旋流对流体的影响逐渐增大，此处闸阀扰流和弯管强制涡旋共同作用造成流体流动异常复杂。

② 由于受前端闸阀扰流作用影响，在刚进入弯管区域时外侧压差偏大（达到 5.05%），随后一直波动较大，尤其在 45°~65°之间偏差最大，在 55°处偏差达到 6.54%，这是由于弯管强制流体离心作用造成弯管处流体流动异常复杂。

③ 有限元数值仿真结果均大于实验结果，且偏差基本在 5% 以内，个别

偏差较大的位置结合表 3-4 可以看出,该区域流体因弯管产生较大的涡旋,流体速度变化较快,压力等参数不稳定,造成模拟和实验误差较大,但也在误差允许范围内,故可以验证本书建立的基于 SST k-ω 模拟方法的有限元仿真环境能较准确地模拟实际工况中闸阀弯管液流系统内流场特性,其数值模拟设置及结果比较真实可信。

3.3.3 内部流体双向耦合流动特性分析

针对实际工况下闸阀关闭过程中的闸阀弯管液流系统进行有限元模拟分析,得到不同开度下流体域的流场特性,表 3-7 为不同开度下流体域速度分布云图,表 3-8 为不同开度下的流体域压力分布及湍动能分布云图。

由表 3-7 和表 3-8 可以看出:

① 闸阀全开(开度 A)时,蒸汽流体均匀地通过闸阀,内部流场特性与无闸阀弯管系统相似,此时内部流体几乎不受闸阀的影响,尤其在弯管前流体域速度场、压力和湍动能分布非常均匀,仅在闸板周围阀腔内产生极少量的、速度极低的分流。由于内部流体受弯管曲率影响,在离心作用下被甩到阀体通径方向上的弯管内壁面外侧上,造成此处速度骤然升高,速度高达 55.7m/s,并在 C8~C10 区域开始产生 2 个剧烈的涡旋,此处湍动能高达 96m^2/s^2,此处压力变化非常剧烈。

② 闸阀开度较大(开度 B 和开度 C)时,闸板对闸阀区域流体阻碍作用较小,流场分布主要受弯管特性的影响,流场分布除在闸阀后部和弯管后部出现少许的旋流外,其余部位分布基本均匀。从闸板下端部开始至弯管区域(X3~C10)出现明显的高速区域,但最高流速明显下降(最高流速仅为 12m/s),此时闸阀前后压差不大,最高压力出现在闸板来流处和弯管外侧壁面(约 18.005MPa),整个流体域湍动能也很小,最大值仅为 5m^2/s^2,说明此时内部流体几乎不存在明显的湍流。

③ 闸板处于中间位置(开度 D 和开度 E)时,内部流场分布受闸板后扰流和弯管特性的叠加影响,闸板过流处的流体扰流明显增强且流速将会明显增大,闸板下端部与阀体壁面的边缘区域出现明显的射流,形成高速对冲区(20m/s 左右);闸阀前流体压力升高,阀后流体压力下降,造成阀前后压差增大(约 0.19MPa);同时因闸板有效阻滞作用面积增大,流体流线不再均匀,出现较大摆动,形成了较明显的涡旋结构;在对冲区上方形成一个流速较低的空穴区,空穴区的黏性输送作用造成阀后出现明显的湍流和回流,

表 3-7 不同开度下流体域速度分布云图

开度	速度矢量云图	速度流线云图
A		
B		

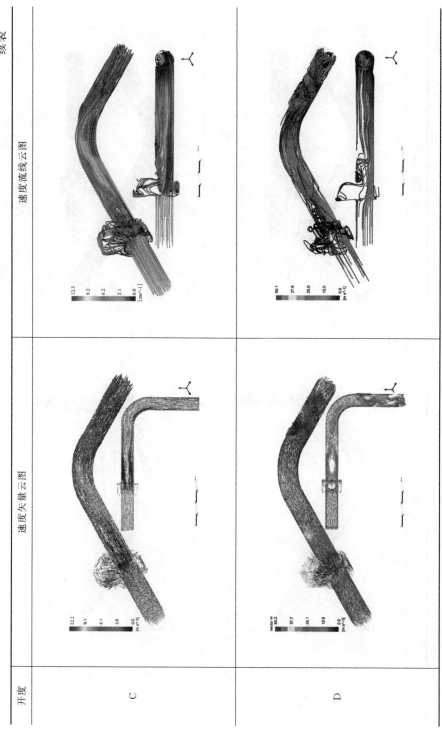

续表

开度	速度矢量云图	速度流线云图
E		
F		

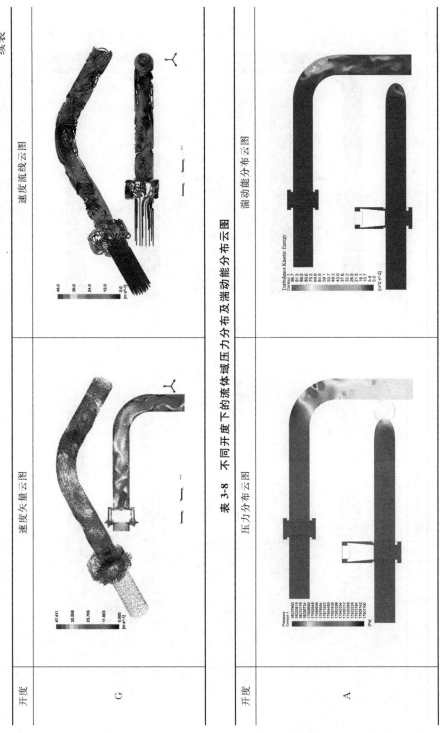

表 3-8 不同开度下的流体域压力分布及湍动能分布云图

续表

开度	压力分布云图	湍动能分布云图
B		
C		

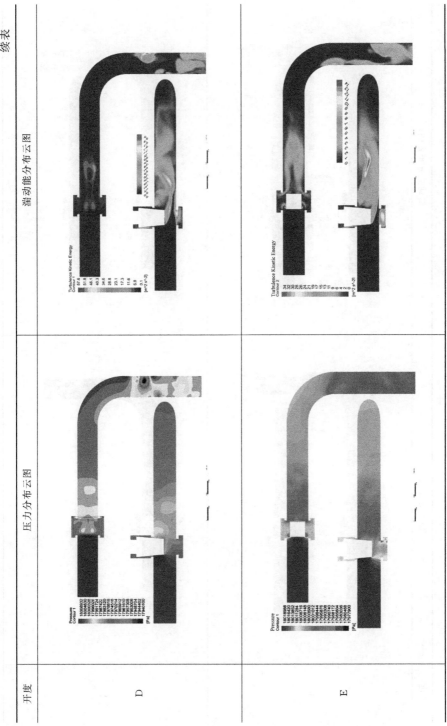

续表

开度	压力分布云图	湍动能分布云图
F	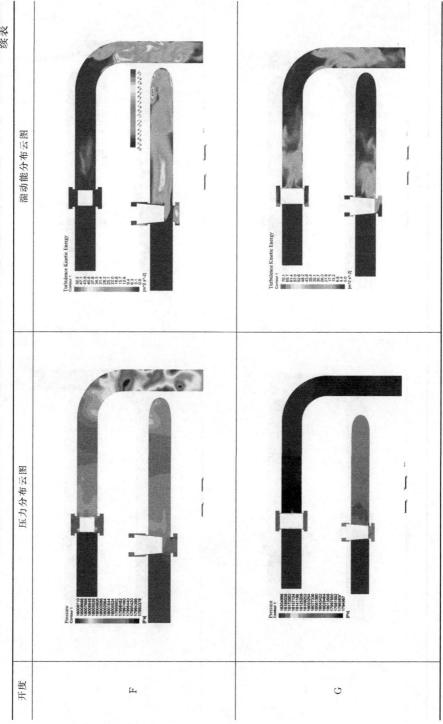	
G		

形成较高的湍动能区；因闸板扰流作用影响，弯管后部区域流场变化更剧烈，此处产生明显的二次回流，形成较大的湍流，使该区域流速、压力、湍动能急剧升高，最大流速达到 50m/s，最大压力达到 18.02MPa，最大湍动能达到 57.6m^2/s^2。

④ 闸板快关闭时（开度 F 和开度 G），闸板处过流截面急剧减小，内部流场主要表现为受闸板阻流作用，闸板前后压差非常大，最高压差达到 0.3MPa；高速对冲区域已经非常小，主要集中在闸板下端过流处，但射流现象十分明显，最高流速达到了 48m/s；空穴区增大，造成闸板后方流体脱落现象非常严重，并产生了强烈的湍流涡旋现象，此时流线已经变得杂乱无章，最大湍动能也达到最高值 70m^2/s^2。

综上所述，在闸阀不同开度下，液流系统流场特性分布完全不同，但从其结果看出：闸阀在逐渐关闭过程中（闸板开度逐渐减小），闸板过流处下方射流越明显，越易形成流体的高速对冲区和空穴区，就越容易形成湍流，湍动能越大，闸板前后形成的压差越大，对液流系统固体结构件冲击越强，压力损失也越严重，也就更容易产生系统振动及噪声，对系统造成的破坏性也将更严重。

3.3.4 高温流体对固体结构热变形的影响

液流系统内高温高压蒸汽对固体结构的影响除了内部流体动力行为外，另一个方面就是内部高温介质所导致的闸阀等固体结构件的热变形。闸阀及管路的热变形分析涉及流固之间的相互作用，很难通过实验方式研究，必须采用热固耦合的方法——先由稳态流场模拟得到流场内温度、压力分布情况，再将这些数据加载到闸阀和管路等固体结构上。

稳态热分析完成后，在 Workbench 中导入热-结构耦合分析，即通过数据插值将稳态热分析结果作为温度载荷施加到固体结构模型上，设置求解得到稳态热变形分布。因篇幅有限，以闸阀开度 D 为例详细说明温度载荷对固体结构件的影响。图 3-14 所示为闸阀处于开度 D 时阀体、管路及闸板的温度场分布。图 3-15 所示为闸阀处于开度 D 时阀体、管路及闸板热等效应力分布图。图 3-16 所示为闸阀处于开度 D 时阀体、管路及闸板热应变分布图。表 3-9 为不同开度下等效应力、应变极值数据，并由此可绘制出等效应力极值随开度变化曲线，图 3-17 为等效应力极值随开度变化曲线，图 3-18 为总应变极值随开度变化曲线。

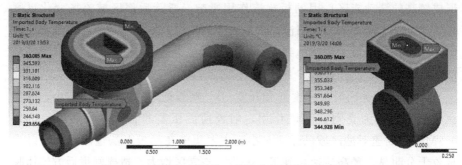

图 3-14　开度 D 时阀体、管路及闸板的温度场分布

由图 3-14 可以看出，由于闸阀局部受流体加速度的影响，局部温度略有升高，最高温度出现在闸板与阀体导向条接触部位，达到 361℃。由于管路、阀体等固体结构件只存在热传递，所以外壁温度基本维持在 330℃ 左右，但在弯管处温度达到了 350℃ 左右。最低温度出现在阀体法兰盘边沿部分，温度在 230℃ 左右。

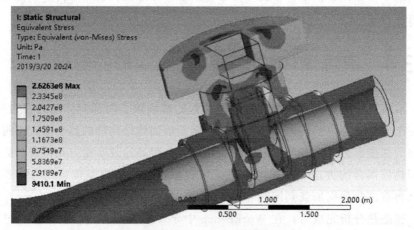

图 3-15　开度 D 时阀体、管路及闸板热等效应力分布图

表 3-9　不同开度下等效应力、应变极值

项目		A	B	C	D	E	F	G
等效应力 /MPa	最小值/$\times 10^{-2}$	3	6	11	9.4	16	12	9
	最大值/$\times 10^{2}$	23.6	14	5.3	3.6	2.9	2.5	1.9
应变 /μm	最小值/$\times 10^{-2}$	0.4	10	6	3	1	12	9
	最大值/$\times 10^{3}$	15.3	14.4	13.6	12.5	10.4	11.2	3

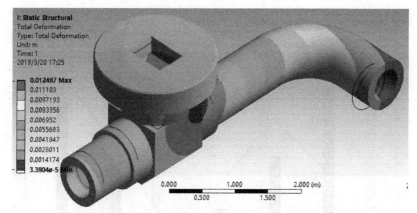

图 3-16　开度 D 时阀体、管路及闸板热应变分布图

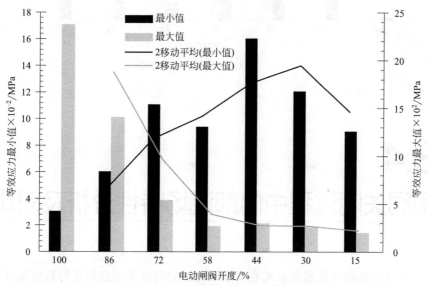

图 3-17　等效应力极值随开度变化曲线

由表 3-9、图 3-15 和图 3-17 可知：热效应造成的等效应力在液流系统固体结构上分布极不均匀，且最大值和最小值相差 27660 倍；等效应力的最大值均出现在闸板与阀体导向条接触区域，与温度场分布一致，此处也易出现疲劳磨损现象，其等效应力达到了 262MPa；整个阀体等效应力都比较大，基本都在 100MPa 左右；管路部分等效应力较小，基本在 0.1MPa 左右。

由表 3-9、图 3-16 和图 3-18 可知：热应变分布与等效应力不同，在弯管端部变形最大，热变形量最大值达到 $12.5×10^{-3}$ μm，并沿着管路方向至阀体热应变逐渐降低，在阀体与管路连接处最低。

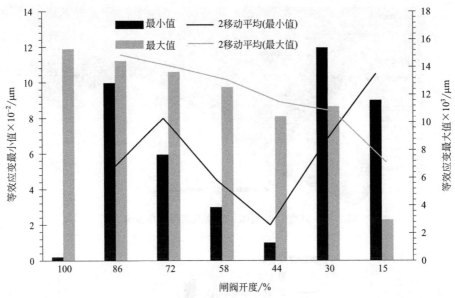

图 3-18 总应变极值随开度变化曲线

3.4 闸阀关闭过程中内部流场特性分析及对比

对舰船闸阀弯管液流系统在实际工况下的闸板关闭过程进行双向流固耦合下稳态流场特性分析，获得液流系统不同开度的内部流体流场特性，并与实验结果进行对比。

3.4.1 闸阀关闭过程中内部流场压力特性

闸阀的闸板关闭时，由于闸板过流处流体流动方向上的截面积小于流体入口截面积，故此处流体受闸板的阻碍，过流处的流体流速局部升高，闸板端部与内壁面的边缘位置会出现流体高速区，对阀门结构造成冲击，并使闸板前部压力上升，后部压力降低，最终形成内部流体压力差。

3.4.1.1 内部流场压力差计算基础

用通过该区域前后的流体压力差来表示阻力的大小,即流体的压力损失,其包含沿程压力损失(直管路)、局部压力损失(闸阀和弯管)。如图 1-1 所示,整个闸阀弯管液流系统内部流体可分为圆柱形直管、弯管和闸阀三部分,分别用 ΔP_L、ΔP_W、ΔP_F 表示三部分的压力差。

(1) 圆柱形直管

圆柱形直管流体压力损失的公式为:

$$\Delta P_L = \frac{fL\dot{m}}{2A^2 \rho d} |\dot{m}| \qquad (3-23)$$

式中,$\dot{m}$ 表示流体质量流量,kg/s;A 表示圆柱形直管截面积,m²;ρ 表示直管内流体密度,kg/m³;d 表示直管管道直径,m;L 表示直管管道长度,m;f 表示直管内壁流体摩擦损失系数。

(2) 弯管

弯管压力损失计算公式为:

$$\Delta P_W = k_b C_{Re} C_f \frac{\rho v^2}{2} \qquad (3-24)$$

式中,k_b 表示弯管流动损失系数;C_{Re} 表示弯管雷诺数修正系数;C_f 表示弯管内壁表面粗糙度修正系数;ρ 表示流体密度;v 表示流体流速。

(3) 闸阀

闸阀压力损失计算公式为:

$$\Delta P_F = k C_{Rc} \frac{rv^2}{2} \qquad (3-25)$$

式中,k 表示闸阀流动损失系数;C_{Rc} 表示流体层流修正系数;r 表示闸阀入口半径;v 表示流体流速。

3.4.1.2 内部流场压力差计算结果及与仿真结果对比

由 3.3.3 节的压力及速度流线云图可以看出,在开度为 A、B、C 时,闸阀前后流体基本处于稳定状态,但随着闸阀开度减小,流体流态变得越来越复杂,尤其是在闸阀后部,基本上到 X5 截面后 1360mm 处,流体才相对稳定,故选取 X0(X3 前 620mm)、X6(X3 后 1360mm)及 C1、C13 四个截面作为压差计算截面。因研究的液流系统直管部分很短,故暂不考虑直管部分的压差。

液流系统各部分压差表达式为:

$$\Delta P_F = P_1 - P_2 \quad \Delta P_W = P_3 - P_4 \quad \Delta P_Y = P_1 - P_4 \quad (3-26)$$

式中，P_1、P_2、P_3、P_4 分别表示 X0、X6、C1、C13 四个截面上的平均压力，ΔP_Y 为整个液流系统压力差，压力差越大，其流体能量损失越大。

将模拟结果代入式(3-26)得到耦合后的流场相应截面压力变化数据，并与计算数据进行比较。图 3-19 为闸阀全开下压差耦合结果与计算结果对比图。

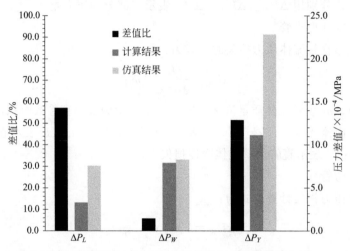

图 3-19　闸阀全开下压差耦合结果与计算结果对比图

由图 3-19 可以看出：

① 在闸阀全开时，液流系统压力损耗主要由弯管旋流造成，弯管部分压差是闸阀段压差的 2 倍，整个液流系统压降很小，最大总压差只有 2.28×10^{-3} MPa（约 0.02%）。

② 因为闸板对内部流体的扰流作用很小，对弯管部分影响很小，故弯管部分的计算结果和仿真结果偏差很小，只有 5.2%。

③ 因闸阀后弯管影响了闸阀内的流场，造成闸阀部分计算结果和仿真结果偏差较大，达到了 57%，进而也影响了整个液流系统压差值（计算结果与仿真结果偏差比为 51%）。

综上所述，对于阀后带弯管的液流系统，压差计算仅仅使用常用的计算公式已不准确，下面将采用有限元仿真模拟各闸阀开度下内部流体压力特性。

3.4.1.3　内部流场耦合模拟压力特性分析

对不同开度下液流系统耦合模拟结果进行分析整理，得到不同开度下液流系统各个分析截面的压力分布特性。表 3-10 为闸阀不同开度下 4 个截面压

表 3-10 闸阀不同开度下 4 个截面压力分布

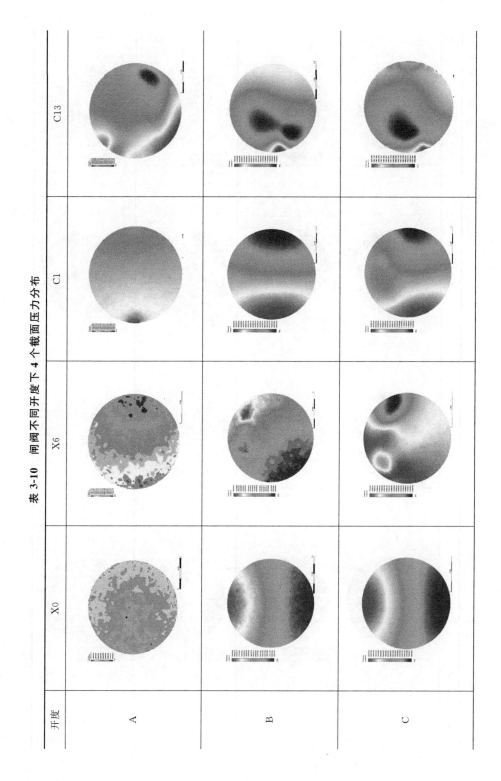

开度	X0	X6	C1	C13
D				
E				
F				
G				

续表

力分布图，表 3-11 为闸阀不同开度下 4 个截面压力变化值。图 3-20 为闸阀不同开度下 4 个截面平均压力、最大值与最小值差值（极值差）变化曲线。

表 3-11　闸阀不同开度下 4 个截面压力变化值　　$\times 10^{-3}$ MPa

截面	项目	A	B	C	D	E	F	G
X0	最大值	6.31	2.09	4.22	10.14	32.26	35.73	41.88
	最小值	6.29	1.93	3.62	8.95	30.51	33.96	41.76
	平均值	6.3	2.01	3.92	9.55	31.39	34.85	41.82
	差值	0.02	0.16	0.6	1.19	1.75	1.77	0.12
X6	最大值	5.57	0.67	−0.62	−3.94	−7.95	−1.42	−45.19
	最小值	5.53	0.59	−1.20	−6.93	−14.88	−7.98	−76.38
	平均值	5.55	0.63	−0.91	−5.43	−11.42	−4.70	−60.78
	差值	0.04	0.08	0.58	2.99	6.93	6.56	31.19
C1	最大值	5.58	0.91	0.47	−0.97	−0.60	4.77	−7.55
	最小值	5.30	0.31	−0.24	−1.52	−3.52	1.82	−55.61
	平均值	5.44	0.61	0.12	−1.25	−2.06	3.30	−31.58
	差值	0.28	0.60	0.71	0.55	2.93	2.95	48.06
C13	最大值	4.82	0.73	0.59	0.47	0.38	1.05	30.01
	最小值	1.64	−0.44	−0.51	−0.59	−0.38	−0.82	−65.24
	平均值	3.23	0.15	0.04	−0.06	0.00	0.11	−17.62
	差值	3.17	1.16	1.10	1.05	0.76	1.87	95.24

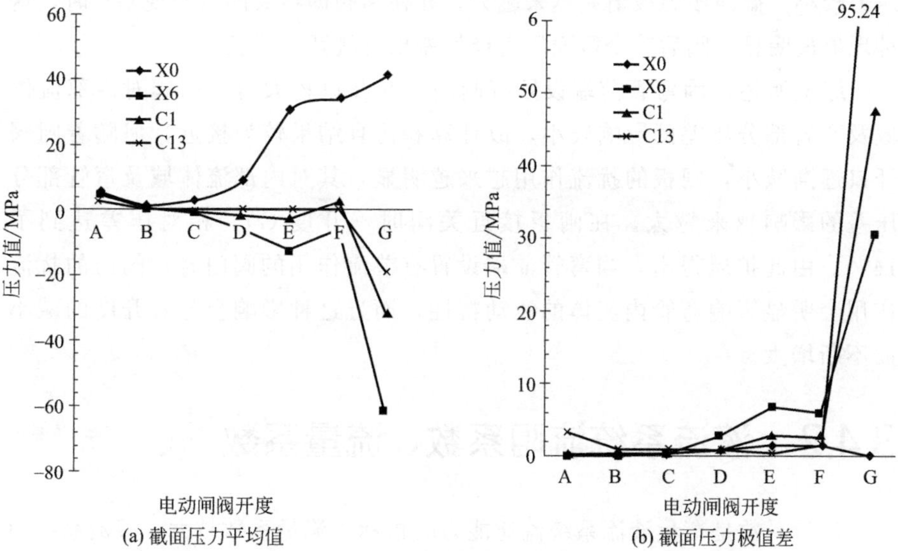

(a) 截面压力平均值

(b) 截面压力极值差

图 3-20　闸阀不同开度下 4 个截面平均压力及压力极值差变化曲线

由表 3-10、表 3-11 和图 3-20 可以得出：

① 闸阀全开时（开度 A），闸板在最高位置，闸阀对内部高温高压蒸汽流体影响很小，仅在 X0 截面最上部出现很小区域的压力最大值，其余 3 个截面主要受后部弯管曲率的影响，压力大致按上下对称分布，外侧压力明显大于内侧压力，并呈现截面压力平均值逐渐减小、截面压力极值差不断增大的趋势，由 X0 截面的 0.02×10^{-3} MPa 增大到 C13 截面的 3.17×10^{-3} MPa。

② 从闸板关闭（开度 B）开始，闸板对内部流体的阻流作用越来越明显，后 6 个开度的 X0 截面压力明显呈现上高下低的分布，并且随开度的增大，上部高压区域越来越大，X0 截面压力平均值逐渐增大，在闸板即将关闭时（开度 G），受闸板阻流影响特别大，平均压力急剧增大，该截面压力极值差整体呈现逐渐增大的趋势，但变化幅度不大。

③ 闸阀开度较大时（开度 B、C），内部流体受闸板的扰流影响不大，后部弯管的影响较为明显，尤其是在弯管前后的截面 C1 和 C13，截面大致呈现外侧压力大于内侧压力现象，平均压力逐渐减小，截面压力极值差逐渐增大，但变化幅度不大。

④ 随着闸阀继续关闭（开度 D、E、F、G），闸板对内部流体的扰流作用越来越强，加上与后部弯管旋流共同作用影响，流体流动极不规律，流体内部出现大小不一、分布不规律的涡旋，压力分布也极不均匀，在涡旋中心压力较小，截面压力极值差越来越大，并在闸阀即将关闭（开度 G）时，这种现象最明显，阀后三个截面压力极值差出现跳跃性增长。

综上所述，因弯管前端设置有闸阀，在开口较大时，闸阀对内部流体域及弯管部分压差的影响较小，故计算和仿真结果较为接近，但随着闸阀开口逐渐减小，闸板的扰流作用越来越明显，其对内部流体域及弯管部分压差的影响越来越大，在闸板接近关闭时（开度 G），相对压差达到了 14%。由此扩展得出，当弯管前端设置有节流作用的阀门时，阀门的扰流作用会明显影响弯管内流体的流动特性，而且这种影响会随着开度的减小而不断增大。

3.4.2　液流系统流阻系数、流量系数

流量系数是衡量液流系统流通能力的指标。流量系数越大，液流系统前后两端的压力损失就越小，其数学表达式为：

$$K_v = NQ\sqrt{\frac{\rho}{\Delta P}} \tag{3-27}$$

式中，Q 表示介质流量，m^3/h；ΔP 表示前后压力损失，MPa；ρ 表示流体密度，kg/m^3；$N=1$。

流阻系数与管路系统中元件的结构、尺寸及内腔形状等有关，分析时可将每个元件都看作会产生阻力的子系统，所以整个液流系统的压力损失约等于每个元件子系统压力损失之和。流阻系数越大，越不利于介质的流通。流阻系数 ζ 的数学表达式为：

$$\zeta = \frac{2\Delta P}{\rho v^2} \tag{3-28}$$

式中，ΔP 表示前后压力损失，MPa；v 表示流体在管道内的平均流速，m/s；ρ 表示流体密度，kg/m^3。

由式(3-27) 和式(3-28) 可知，流体流量系数与压差成反比，流阻系数与压差成正比，并与流速的平方成反比，计算得出不同开度下液流系统流阻系数、流量系数。表 3-12 为不同开度下液流系统流阻系数、流量系数。图 3-21 为闸阀关闭过程中液流系统流量系数的仿真值与实验值对比，图 3-22 为闸阀关闭过程中液流系统流阻系数的仿真值与实验值对比。

表 3-12 不同开度下液流系统流阻系数、流量系数

开度	流量系数			流阻系数		
	模拟值	实验值	差值比/%	模拟值	实验值	差值比/%
A	1641.68	1602.30	−2.46	0.37	0.39	5.13
B	1217.29	1250.10	2.62	0.67	0.71	5.63
C	1081.52	1003.00	−7.83	0.85	0.90	5.56
D	599.62	562.90	−6.52	2.78	3.01	7.64
E	273.46	322.70	15.26	13.35	14.38	7.16
F	210.21	199.30	−5.47	22.59	24.13	6.38
G	85.35	85.60	0.29	137.03	148.30	7.60

由图 3-21 可以看出：闸阀关闭过程中液流系统流量系数有限元仿真和实验结果基本吻合，虽然两者存在一定误差，但误差均在工程实验误差允许范围内，这充分说明使用有限元仿真对闸阀弯管液流系统进行内部流场特性模拟的准确性；开度在 50% 以下的流量系数曲线较开度在 50%～100% 之间变化较小、更平稳，但开度在 50%～100% 之间时，仿真值均略大于实验值。

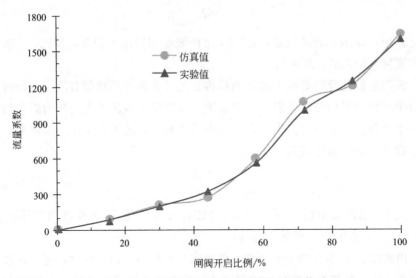

图 3-21 液流系统流量系数的仿真值与实验值对比

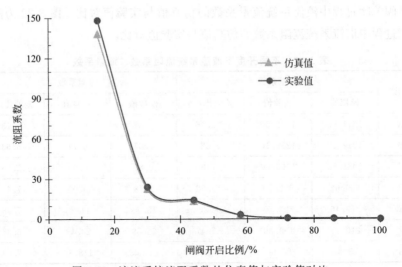

图 3-22 液流系统流阻系数的仿真值与实验值对比

由图 3-22 可以看出：闸阀关闭过程中液流系统的流阻系数有限元仿真和实验结果基本吻合，证明了有限元仿真的准确性和可靠性；在闸阀开度小于 35% 时，其流阻特性变化十分剧烈，由一个较大的流阻系数骤变为一个较小的流阻系数，这说明闸阀在开度较小时，闸板对内部流体的阻力较大，系统中的压力损失大；当闸阀开度大于 35% 时，系统流阻系数的曲线变化较为平缓,这说明随着闸阀开度的增加,闸板对内部流体阻流作用减弱,内部流体压力的损失减小,压力损失率也趋于平稳。对比表明开度较大时实验值略大于仿真值,但随着开度增加,两者的流阻系数趋于一个较为稳定的值。

实验与仿真流阻系数与流量系数产生误差的原因可能是在加工生产过程中,对闸阀零部件的加工精度不够或装配过程中产生误差;另外实验条件变化及在三维建模过程中一些结构上的简化也是造成两者误差的主要原因,但两者结果的误差均在工程允许的范围内。

3.4.3 液流系统流量特性

当蒸汽流体流经有节流作用的闸阀和弯管时,除了会产生前后压力差外,对流量的影响更为明显。流量特性就是反映内部流体相对流量与闸阀开度之间的关系。其数学表达式为:

$$q = \frac{Q}{Q_{max}} \tag{3-29}$$

式中,Q、Q_{max} 分别表示液流系统瞬时流量和最大流量。

根据模拟结果,分析液流系统相对流量与闸阀开度的关系,得到流体压差与相对流量的关系。图 3-23 为不同开度下闸阀开启比例与流量特性关系曲线,图 3-24 为液流系统相对流量与压差关系曲线。

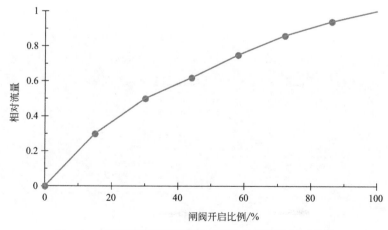

图 3-23 不同开度下闸阀开启比例与流量特性关系曲线

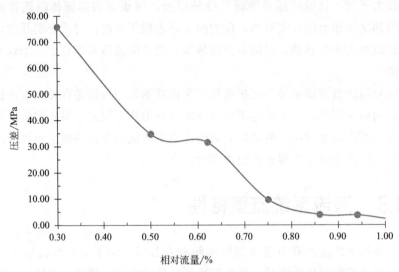

图 3-24　不同开度下相对流量与压差关系曲线

由图 3-23 和图 3-24 可以看出：液流系统流量特性与压差呈反比关系；闸阀弯管液流系统流量特性在快开特性和线性特性之间，在开度较大（中高流量）时，曲线接近直线，说明相对流量与闸阀开度有较好的线性关系，此时压差随闸阀开度（相对流量）的变化较小；在开度较小时，曲线符合快开特性，闸阀开度很小时，其流量就比较大，随着开度的增大，流量可迅速增大，此时压差随闸阀开度（相对流量）增大而迅速减小。

第4章

基于耦合模态的流致振动噪声特性研究及故障分析

通过对闸阀关闭过程中液流系统内部蒸汽流场的实时动态特性及流动参数变化规律的研究，发现随着闸板开度的减小，闸板对内部高温高压蒸汽流体的扰流越来越明显，加上阀后弯管旋流作用影响，造成液流系统内部流体湍流愈加剧烈、复杂，这些内部流体流态的瞬变会产生大量的循环脉动流。在湍流边界层和靠近闸阀管路内壁的流体层内，不稳定流体产生的流体雷诺应力、脉动切应力及黏性应力等会由流固耦合面直接作用于固体结构系统，导致其产生压力脉动，继而造成闸阀和管路等固体结构振动，并产生强烈的直接辐射噪声。

此外，流固耦合振动会使管路与阀体内部结构件表面产生微动磨损，造成闸板运行不畅、振动加剧及啸叫等故障，这不仅影响闸阀弯管液压系统和舰船的可靠性和隐蔽性，甚至会造成舰毁人亡的严重事故。

4.1 弯管系统耦合振动有限元理论求解

高温高压蒸汽经过闸阀和弯管时，闸板会对流体产生扰流，后端弯管曲率也会对流场特性产生旋流影响，会在湍流边界层和耦合面上产生不规则的、连续的压力脉动，使得整个蒸汽流体域湍流结构更加复杂。国内外学者针对输送管道流固耦合振动特性进行了大量的研究，一般采用解析法导出液流系统运动微分方程进行求解。但是由于运动方程是不对称的，所以求解比较复杂，且仅限于直的和半圆形的管道系统。

首先采用有限元法理论来求解闸阀全开状态下的弯管液流系统的流固耦合振动特性问题。考虑到闸阀全开时，闸板对流体的影响很小，主要因流体经过阀后90°弯管引起湍流而诱发系统振动，因此，忽略闸板对流体的影响，重点针对阀后弯管部分进行流固耦合有限元计算分析。

为了便于弯管系统模型建立和求解，首先将阀后直管加90°弯管结构简化成大半径圆弧弯管，并将简化后的圆弧弯管离散成多个等曲率的圆弧管单元，然后建立弯管加流体的总体矩阵和振动方程，通过FOSS法求解得到系统的固有频率变化规律。

4.1.1 耦合系统模型建立与单元划分

液流系统闸阀后管路为一段直管加 90°弯管，因为弯管内流体流态变化会诱发系统振动特性，为便于有限元整体分析，将阀后直管加弯管模型简化成一段大半径圆弧弯管。图 4-1 所示为简化后的模型图。

图 4-1　简化后的模型图

将简化后的闸阀后圆弧形弯管进行单元划分，如图 4-2 所示为弯管单元划分示意图，整个弯管弧度为 72°，划分成 24 个单元，每个弯管单元的圆心角 θ 为 3°，标记两端节点为 i、$i+1$，l 为单元弧长，w 为切向位移，u 为主法向位移，v 为次法向位移，r 为半径，c 为管内蒸汽流速。

在利用有限元法求解时，假定内部高温高压蒸汽流体为无黏滞且不可压缩介质，流量为常数，忽略管路的剪切变形，并设定弯管的进口（即弯管与闸阀连接位置）为固定连接。阀后弯管单元依次相连，有限元计算时通过直接刚度叠加法组成总体刚度矩阵，进而建立振动状态方程。

单元节点位移向量记为：

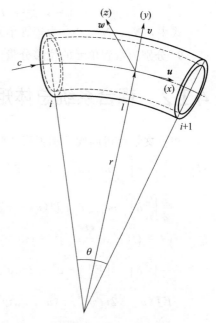

图 4-2　闸阀后弯管单元划分示意图

$$\boldsymbol{q}^e = [\boldsymbol{q}_i \quad \boldsymbol{q}_{i+1}] \tag{4-1}$$

$$\boldsymbol{q}_i = [w_i \quad u_i \quad v_i \quad \theta_i \quad v_i' \quad u_i']^\mathrm{T} \tag{4-2}$$

$$\boldsymbol{q}_{i+1} = [w_{i+1} \quad u_{i+1} \quad v_{i+1} \quad \theta_{i+1} \quad v_{i+1}' \quad u_{i+1}']^\mathrm{T} \tag{4-3}$$

定义弯管有限单元的局部坐标 $\overline{S}=S-S_i$，建立自然坐标系：

$$L_i=1-\frac{\overline{S}}{l}=1-\varepsilon, L_{i+1}=\frac{\overline{S}}{l}=\varepsilon \tag{4-4}$$

对弯管弧长求偏导和积分：

$$\frac{\partial l}{\partial S}=\left(\frac{\partial}{\partial L_i}-\frac{\partial}{\partial L_{i+1}}\right)l \tag{4-5}$$

$$\int_0^l L_i^a L_{i+1}^a \mathrm{d}S = \frac{a!\ b!}{(a+b+1)!} \tag{4-6}$$

由式(4-1)～式(4-6)可得弯管单元位移分量的插值表达式：

$$w=\mathbf{N}_1 \mathbf{w}^e, u=\mathbf{N}_2 \mathbf{u}^e, v=\mathbf{N}_3 \mathbf{v}^e, \theta=\mathbf{N}_1 \mathbf{\theta}^e \tag{4-7}$$

式中，$\mathbf{\theta}^e=[\theta_i\quad \theta_{i+1}]^T$ $\mathbf{v}^e=[v_i\quad v_i'\quad v_{i+1}\quad v_{i+1}']^T$

$\mathbf{w}^e=[w_i\quad w_{i+1}]^T$ $\mathbf{u}^e=[u_i\quad u_i'\quad u_{i+1}\quad u_{i+1}']^T$

$$\mathbf{N}_1=[1-\varepsilon\quad \varepsilon]\quad \mathbf{N}_2=\begin{bmatrix}1-3\varepsilon^2+2\varepsilon^3\\ \varepsilon l(1-\varepsilon)^2\\ 3\varepsilon^2-2\varepsilon^3\\ -\varepsilon^2 l-\varepsilon^3 l\end{bmatrix}^T \quad \mathbf{N}_3=\begin{bmatrix}1-3\varepsilon^2+2\varepsilon^3\\ -\varepsilon l(1-\varepsilon)^2\\ 3\varepsilon^2-2\varepsilon^3\\ \varepsilon^2 l-\varepsilon^3 l\end{bmatrix}^T$$

式中，$\mathbf{N}_1$、$\mathbf{N}_2$、$\mathbf{N}_3$ 为弯管单元位移插值的形函数系数矩阵；$\mathbf{w}^e$、$\mathbf{u}^e$、$\mathbf{v}^e$、$\mathbf{\theta}^e$ 分别为弯管单元的位移分量。

4.1.2 耦合系统总体矩阵

根据文献可得闸阀后圆弧形弯管液流系统的 Hamilton 变分方程：

$$\begin{aligned}\delta I_h =& \frac{1}{2}\int_{t_1}^{t_2}\delta\int_{l_0}^{l_1}[m_p(\dot{u}^2+\dot{v}^2+\dot{w}^2)+I\dot{\theta}_0^2]\mathrm{d}s\mathrm{d}t +\\ & \frac{1}{2}\int_{t_1}^{t_2}\delta\int_{l_0}^{l_1}m_f\{[\dot{u}+U(u'-\tau_0 v+\kappa_0 w)]^2+\\ & [\dot{v}+U(v'+\tau_0 u)]^2+(\dot{w}+U)^2\}\mathrm{d}s\mathrm{d}t -\\ & \frac{1}{2}\int_{t_1}^{t_2}\delta\int_{l_0}^{l_1}\{[EJ(-v''-2\tau_0 u'+\tau_0^2 v-\kappa_0\tau_0 w+\kappa_0\theta_0)^2+\\ & EJ(u''-2\tau_0 v'-\tau_0^2 u+\kappa_0 w')^2]+GJ_p(\vartheta'+\kappa_0 v'+\kappa_0\tau_0 u)^2+\\ & EA(w'-\kappa_0 u)^2\}\mathrm{d}s\mathrm{d}t -\\ & \int_{t_1}^{t_2}m_f U\{[\dot{u}+U(u'-\tau_0 v+\kappa_0 w)]\delta u+\\ & [\dot{v}+U(v'+\tau_0 u)]\delta v+(\dot{w}+U)\delta w\}\bigg|_{l_0}^{l_1}\mathrm{d}t=0\end{aligned} \tag{4-8}$$

式中，m_p、m_f 表示单位长度的弯管质量和弯管内流体质量，kg/m；I 表示单位长度弯管转动惯量，kg·m^2；E 表示弯管弹性模量，GPa；G 表示弯管剪切模量，GPa；J、J_p 表示弯管截面惯性矩、极惯性矩，m^4；s 表示单元弯管轴线弧长，m；δ 表示管束截面半径与弯曲半径比；u、v、w 表示速度分量，m/s；θ_0 表示弯管截面转角，(°)；U 表示弯管内流体速度，m/s；κ_0 表示弯管曲率；τ_0 表示弯管挠率；ϑ 表示扭转角，(°)；A 表示管道断面面积，m^2；$\dot{u}$、u' 分别表示 $\partial u/\partial t$、$\partial u/\partial s$。

对上述公式积分可得弯管单元子矩阵（以单元质量矩阵为例）：

$$\boldsymbol{m}_{i1} = \begin{bmatrix} 140 & 0 & 0 & 0 & 0 & 0 \\ 0 & 156 & 0 & 0 & 0 & 22l_i \\ 0 & 0 & 156 & 0 & -22l_i & 0 \\ 0 & 0 & 0 & 140\beta_0 & 0 & 0 \\ 0 & 0 & -22l_i & 0 & 4l_i^2 & 0 \\ 0 & 22l_i & 0 & 0 & 0 & 4l_i^2 \end{bmatrix} \quad (4-9)$$

$$\boldsymbol{m}_{i4} = \begin{bmatrix} 140 & 0 & 0 & 0 & 0 & 0 \\ 0 & 156 & 0 & 0 & 0 & -22l_i^2 \\ 0 & 0 & 156 & 0 & 22l_i & 0 \\ 0 & 0 & 0 & 140\beta_0 & 0 & 0 \\ 0 & 0 & 22l_i & 0 & 4l_i^2 & 0 \\ 0 & -22l_i & 0 & 0 & 0 & 4l_i^2 \end{bmatrix} \quad (4-10)$$

$$\boldsymbol{m}_{i2} = \boldsymbol{m}_{i3} = \begin{bmatrix} 70 & 0 & 0 & 0 & 0 & 0 \\ 0 & 54 & 0 & 0 & 0 & -13l_i \\ 0 & 0 & 54 & 0 & 13l_i & 0 \\ 0 & 0 & 0 & 70\beta_0 & 0 & 0 \\ 0 & 0 & -13l_i & 0 & -3l_i^2 & 0 \\ 0 & 13l_i & 0 & 0 & 0 & -3l_i^2 \end{bmatrix} \quad (4-11)$$

式中，$\beta_0 = \dfrac{I}{m_p + m_f}$。

通过对各单元质量矩阵叠加可得如下 $6(n+1) \times 6(n+1)$ 总体质量矩阵，并可用同样方法构建弯管系统刚度矩阵、流体刚度矩阵以及阻尼矩阵。

$$m = \begin{bmatrix} m_{11} & m_{12} & & & & & & \\ m_{13} & m_{14}+m_{21} & m_{22} & & & & & \\ & m_{23} & m_{24}+m_{31} & & & & & \\ & & & \cdots & & & & \\ & & & & & m_{(n-1)4}+m_{n1} & m_{n2} \\ & & & & & m_{n3} & m_{n4} \end{bmatrix} \quad (4\text{-}12)$$

$$M = \frac{(m_f+m_p) \times l}{420} \begin{bmatrix} 140 & & & & & & & & & & \\ 0 & 156 & & & & & & & & & \\ 0 & 0 & 156 & & & & & \text{对} & \text{称} & & \\ 0 & 0 & 0 & 140\beta & & & & & & & \\ 0 & 0 & -22l & 0 & 4l^2 & & & & & & \\ 0 & 22l & 0 & 0 & 0 & 4l^2 & & & & & \\ 70 & 0 & 0 & 0 & 0 & 0 & 140 & & & & \\ 0 & 54 & 0 & 0 & 0 & 13l & 0 & 156 & & & \\ 0 & 0 & 54 & 0 & -13l & 0 & 0 & 0 & 156 & & \\ 0 & 0 & 0 & 70\beta & 0 & 0 & 0 & 0 & 0 & 140\beta & \\ 0 & 0 & 13l & 0 & -3l^2 & 0 & 0 & 0 & 22l & 0 & 4l^2 \\ 0 & -13l & 0 & 0 & 0 & -3l^2 & 0 & -22l & 0 & 0 & 0 & 4l^2 \end{bmatrix}$$
(4-13)

4.1.3　耦合系统振动方程及求解

利用直接刚度叠加法建立弯管液流系统的振动方程：

$$M\ddot{q} + CG\dot{q} + (K_p - C^2 K_f)q = -C^2 H \quad (4\text{-}14)$$

式中，M 表示总体质量阵；C 表示弯管内流体流速；G 表示柯氏力阻尼阵；K_p 表示弯曲刚度阵；K_f 表示流体动能刚度阵；q 为位移矢量；H 为列向量。

将系统性能参数和管路材料属性代入公式，通过FOSS法求解管内充满不同性质流体时弯管液流系统固有频率，表4-1为不同介质下弯管系统固有频率及对比，其中降幅 $D = \dfrac{f_a - f_b}{f_a} \times 100\%$，$E = \dfrac{f_b - f_c}{f_b} \times 100\%$，图4-3为不同介质下弯管系统固有频率。

① 当 $C=0$，$m_f=0$ 时，可求出弯管内没有介质时的弯管固有频率（f_a）。

② 当 $C=0$，$m_f \neq 0$ 时，可求出耦合状态下充满蒸汽但静止时弯管液流系统固有频率（f_b），取 $m_f=123.5\text{kg/m}$。

③ 当 $C \neq 0$，$m_f \neq 0$ 时，可求出耦合状态下充满高速流动蒸汽时弯管液流系统固有频率（f_c），取 $C=10\text{m/s}$，$m_f=123.5\text{kg/m}$。

表 4-1　不同介质下弯管系统固有频率及对比

阶次	f_a	f_b	f_c	D	E
1	56.98	53.25	52.36	6.55	1.67
2	58.36	54.17	53.19	7.18	1.81
3	134.25	127.88	126.05	4.74	1.43
4	152.87	146.67	144.75	4.06	1.31
5	177.56	169.98	168.38	4.27	0.94
6	188.15	178.25	175.84	5.26	1.35

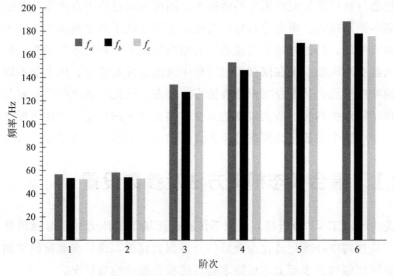

图 4-3　不同介质下弯管系统固有频率

由表 4-1 和图 4-3 可以看出：由于流体和结构相互作用，考虑流固耦合后弯管液流系统的固有频率有所下降，当弯管内充满蒸汽时液流系统的固有频率下降 5% 左右，其中低阶频率的降幅较大，达到 7%；因为弯管为厚壁件，厚度与直径之比比较大，局部刚度较好，所以流动流体会使液流系统的固有频率有所下降，但降幅不大，基本都在 1.4% 左右。

4.2 液流系统流致振动耦合模态结果分析

高温高压蒸汽经过闸阀和后端弯管，闸板对流体产生扰流，后端弯管曲率也会对内部流体流场特性产生旋流影响，使得整个蒸汽流体域湍流结构更加复杂。与闸阀和弯管的干模态分析相比，因为蒸汽流体流动过程中湍流边界层内会产生脉动压力，而这种连续的脉动压力会直接引起结构振动，最终改变整个液流系统的模态。所以液流系统的流致振动是典型的流固耦合问题，即采用流固耦合方法研究压力脉动引起的液流系统流致耦合振动问题。

模态分析用来研究在无外界激励下，闸阀关闭过程中自由振动时液流系统的基本振动特性。模态分析得到的模态参数反映了整个液流系统关闭过程中的固有频率、共振时整个液流系统的振型及最大变形位置等特性，可帮助设计人员更准确地了解在闸阀关闭过程中液流系统对流速、压力等不同工况载荷的响应性能，从而及时调整液流系统模态、优化支承座结构、避免与艇内其他结构产生共振、最大限度地减少对固有频率的激励，因此掌握在闸阀关闭过程中整个液流系统模态对于提高其动态性能具有非常重要的意义。

4.2.1 耦合模态模拟方法及参数设置

先由 FLUENT 分析得到液流系统瞬态流场下的压力脉动时域信息，然后通过快速傅里叶变化转化为频域信息得到载荷谱，最后将载荷施加到闸阀和管路固体结构内表面上，最终求得系统模态振动响应情况。

设定流体分析类型为瞬态模拟，将时均化（Reynolds Averaged）湍流流场的计算结果作为大涡模拟流场计算的初始值，时均化计算在 FLUENT 平台上采用 Simple 算法和 $k\text{-}\varepsilon$ 方程湍流模型完成。建模、网格划分及参数设置参照 3.2 节。

利用 Workbench 的 Pre-Stress 模块进行预应力模态分析，分别将不同开度下流固耦合的应力结果作为预应力施加在闸板、阀体和管路固体结构上,分析得到流固耦合下的系统模态特性。因为艇上液流系统振动主要以低频振动为主,故本章只分析前 10 阶模态。图 4-4 所示为阀体、闸板和管路结构上流体域施加压力分布图。图 4-5 所示为系统耦合模拟结果与理论计算结果对比。

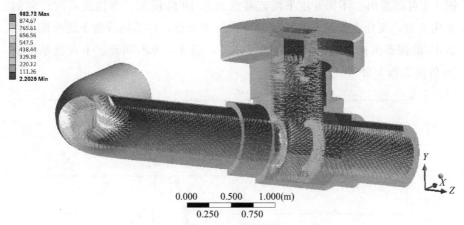

图 4-4　阀体、闸板和管路结构上流体域施加压力分布图

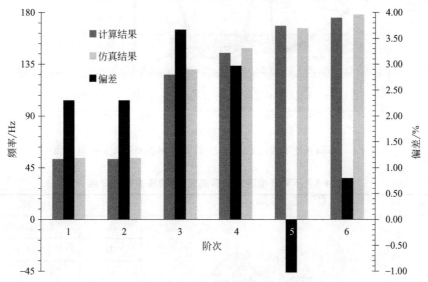

图 4-5　系统耦合模拟结果与理论计算结果对比

由图 4-5 可以看出:理论计算和耦合仿真结果比较一致,两者的最大误差出现在第 3 阶,误差为 3.7%,说明此耦合模态模拟方法及结果是准确的、可信的。

4.2.2 耦合模态模拟结果及分析

图 4-6 为不同开度下液流系统前 10 阶固有频率和最大变形量曲线。由图 4-6 可以看出：不同开度下液流系统的前 10 阶模态频率值及最大位移的变化不大，变化主要从第 7 阶开始。为便于分析，将不同开度下的液流系统前 10 阶模态按振动发生的部位进行分类，表 4-2 为不同开度下液流系统前 10 阶模态振型分类。

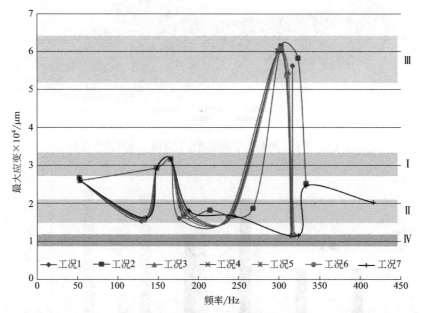

图 4-6 不同开度下液流系统前 10 阶固有频率和最大变形量曲线

表 4-2 不同开度下液流系统前 10 阶模态振型分类

类型	系统振型图	对应开度	对应阶次
I		A	1/2/4/5
		B	1/2/3/4/10
		C	1/2/4/5
		D	1/2/4/5
		E	1/2/4/5
		F	1/2/4/5
		G	1/2/4/5/9

续表

类型	系统振型图	对应开度	对应阶次
Ⅱ	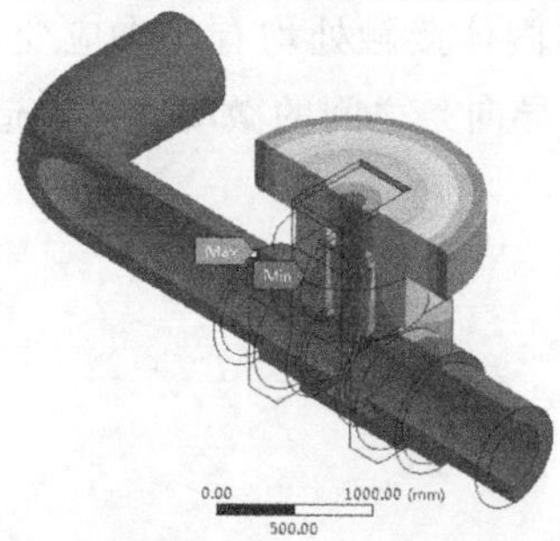	A	3/6/7
		B	5/6/7
		C	3/6/7
		D	3/6/7
		E	3/6/7
		F	3/6/7
		G	3/6/10
Ⅲ	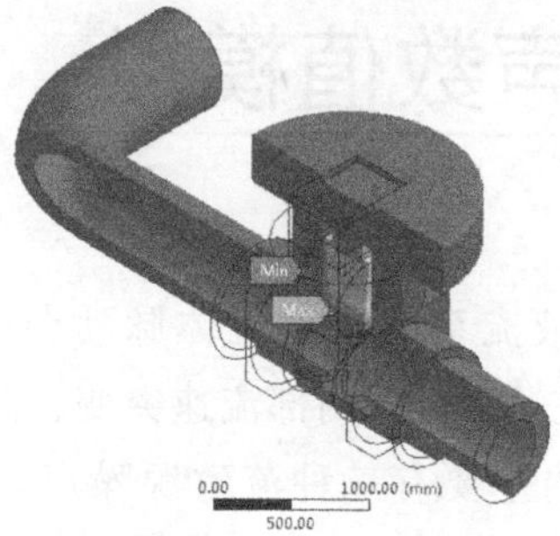	A	8/10
		B	8/9
		C	8/9
		D	8/9
		E	8/9
		F	8/9
		G	7
Ⅳ	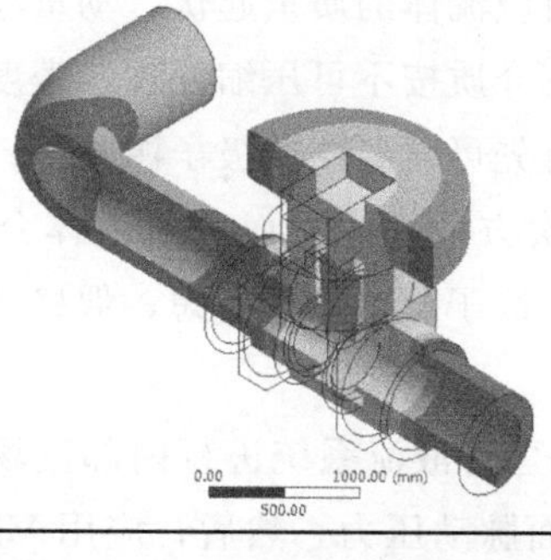	A	9
		B	—
		C	10
		D	10
		E	10
		F	10
		G	8

由表 4-2 可以看出，闸阀弯管液流系统振型按振动发生部位主要分为四类：

① 振型类型Ⅰ，闸阀阀体和闸板部分振动状态基本稳定，液流系统振型以弯管部分出口处端部 Y 向的横向摆动为主，最大变形量在 6mm 左右。

② 振型类型Ⅱ，弯管部分状态基本稳定，液流系统振型以闸阀上部阀体与传动部分连接处法兰盘振动为主，最大变形量在 5mm 左右，此处通过螺栓连接，剧烈振动容易使连接螺栓发生疲劳断裂、松动及连接失效等故障。

③ 振型类型Ⅲ，闸阀阀体和管道状态稳定，系统振型为闸板下端的横向摆动，此处最大应变达到了 4mm，此时易造成闸板与阀体导向条磨损并

伴随内部闸板剧烈振动。

④ 振型类型Ⅳ，整个系统机构部分均有较大振动，最大振动应变发生在阀体上部和闸板部分，闸板在与阀体接触处均有较大应变（5mm 左右），在闸阀关闭过程中引起闸板与阀体导向条之间的微动磨损，造成接触面材料的微动疲劳损伤和闸板运行卡涩。

4.3 液流系统流致噪声数值模拟

由 Lighthill 噪声理论可知，液流系统内部流体脉动会引起辐射声场，不是由系统结构振动产生的，而是源自流体内部流速突变、湍流导致的耦合面表面压力脉动。充液管路系统内主要有三种流致源噪声，分别为单极子源、偶极子源和四极子源，分别对应流体的质量起伏、动量起伏和动量流动率起伏。液流系统内高温高压蒸汽介质按不可压缩处理，密度是恒定的，即质量脉动视为零，所以研究时，首先可以忽略单极子源噪声；四极子源的源噪声强度与蒸汽流体马赫数的八次方成正比，而蒸汽流体介质的马赫数很低，辐射声强度必然很低，所以四级子源也不予考虑，偶极子源是闸阀弯管液流系统内流致噪声主要噪声源。

首先，通过 FLUENT 对闸阀弯管液流系统进行内部流场瞬态分析，通过输出 CGNS 格式导出流体域表面脉动压力，然后，应用 Virtual Lab 软件导入生成的脉动压力数据，进一步对耦合面进行直接噪声声场分析，得到液流系统噪声分布特性，为降噪方案制订奠定基础。

4.3.1 内部流体流致噪声边界元法

由 Lighthill 导出液流系统内部流体流动动力学噪声的基本方程，考虑的模型是在无限大的均匀、静态声介质中包含一个有限的湍流运动区，因此与流动有关的声源都集中在该区域内。

在湍流运动区域外，声波满足齐次波动方程：

$$\nabla^2 p - \frac{1}{c_0^2} \times \frac{\partial^2 p}{\partial t^2} = 0 \qquad (4\text{-}15)$$

式中，$\mathbf{V}$ 表示哈密顿算子；p 表示声压，$p = P - P_0$，P_0 表示流体静压力，P 表示扰动时瞬态压力；c_0 表示等熵下的声速值。

假定流体静态均匀，故流体声压与密度起伏可表示为：

$$p = c_0^2 (\rho - \rho_0) = c_0^2 \rho' \qquad (4\text{-}16)$$

式中，c_0 表示等熵下的声速值；ρ 和 ρ' 分别表示扰动和未扰动时的密度；ρ_0 表示流体静止密度。

流致噪声边界元法是在经典边界积分方程的基础上，结合有限元法的离散技术思想，并采用格林函数作为加权函数形成的一种数值模拟方法。在实际求解流致噪声过程中，还需要 Helmholtz 方程及理论，并结合 Lighthill 声类比理论。

相对传统流致噪声分析方法，应用边界元具有明显优势：首先，边界元法计算时可以降维，即将三维体积分转化为二维边界面积分；其次，边界元法是在频域范围内进行声学计算的，在进行结果后处理时，可直接得到频域响应信息；最后，边界元法可以得到流场内任意特征场点的声学信息。

液流系统内均匀蒸汽流体中声压传播的 Lighthill 基本方程为：

$$\nabla^2 p + k^2 p = -\frac{\partial^2 T_{ij}}{\partial x_i \partial x_j} = q \qquad (4\text{-}17)$$

式中，$k = w/c_0 = 2\pi/\lambda$，w 为圆周频率，λ 为波长；T_{ij} 为 Lighthill 张量；x 为接收点；p 为频域激励，可表示为：

$$p(\mathbf{r}, t) = p(\mathbf{r}) e^{i w t} \qquad (4\text{-}18)$$

式中，$k = w/c_0 = 2\pi/\lambda$；w 表示圆周频率，rad/s；$\mathbf{r}$ 表示场点向量坐标；p 表示点动力压强或声压。

频域下格林函数的表达式为：

$$G(x, y) = \frac{1}{4\pi R} e^{-ikR} \qquad (4\text{-}19)$$

且满足方程：

$$(\nabla^2 + k^2) G(x, y) = -\delta(x - y) \qquad (4\text{-}20)$$

式中，x 和 y 分别表示接收点和源点；R 表示域值半径；δ 表示 Kronecker 函数，应用格林公式基本解来求解 Helmholtz 非齐次方程。

将式(4-17)两边乘以 $G(x, y)$ 减去式(4-20)两边乘以 p，可得出：

$$\nabla^2 p G(x, y) - p \nabla^2 G(x, y) = q G(x, y) + p \delta(x - y) \qquad (4\text{-}21)$$

对式(4-21)在整个计算域内积分，在 x 点的外面做一个半径为 ε 的小球体，并对 $V-V_\varepsilon$ 的域进行积分，得到：

$$\iiint_{V-V_\varepsilon}(G\nabla^2 p - p\nabla^2 G)\mathrm{d}^3 y = \iiint_{V-V_\varepsilon} qG\mathrm{d}^3 y + \iiint_{V-V_\varepsilon} p\delta(x-y)\mathrm{d}^3 y \quad (4-22)$$

式中，q 为声波动解（流体动力解）。

对式(4-22)应用格林第二积分定理，将体积积分转变为沿边界面上的积分，得到的边界积分公式为：

$$\iint_{\partial V+\partial V_g}\left(\frac{\partial p}{\partial n}G - p\frac{\partial G}{\partial n}\right)\mathrm{d}^2 y = \iiint_{V-V_g} qG\mathrm{d}^3 y \quad (4-23)$$

式中，n 为积分区间的离散数目。

上述是 x 在区域内部的求解，但当 x 在区域边界上时，可在其外部假定一个半球区域，便可将式(4-23)简化为：

$$\alpha p = \iint_{\partial V}\left(\frac{\partial p}{\partial n}G - p\frac{\partial G}{\partial n}\right)\mathrm{d}^2 y + \lim_{\varepsilon\to 0}\iiint_{V-V_g} qG\mathrm{d}^3 y \quad (4-24)$$

式中，α 在光滑的边界面上时取 1。对上式进行两次分步积分，并略去高阶项后可以得到：

$$\alpha p = \iiint_V T_{ij}\frac{\partial^2 G}{\partial y_i \partial y_j}\mathrm{d}^3 y - \iint_{\partial V} p\frac{\partial G}{\partial n}\mathrm{d}^2 y \quad (4-25)$$

式中，T_{ij} 为 Lighthill 张量；y 为源点。

将式(4-25)进行数值离散，并将积分式转化为线性方程组进行求解，得到该点压力表达式为：

$$p(y) = \sum_{j=1}^{n_e} N_j^e(y) p_j \quad (4-26)$$

式中，N_j^e 表示网格的加权因子；p_j 表示网格 e 节点 j 上的压力值。整个面上的所有网格矩阵形式为：

$$\boldsymbol{p}(y) = \boldsymbol{N}_j \boldsymbol{p}_j \quad (4-27)$$

将其代入式(4-24)中，可以得到：

$$\alpha P_a = -p_{aj}\iint_{\partial V}\boldsymbol{N}\frac{\partial G}{\partial n}\mathrm{d}^2 y - p_{nk}\iint_{\partial V_2}\boldsymbol{N}\frac{\partial G}{\partial n}\mathrm{d}^2 y + Q \quad (4-28)$$

式中，Q 表示四级子影响部分；$\boldsymbol{N}$ 表示网格矩阵。将积分转化为求和公式，接收点 x_i 的声压公式可以表示为：

$$\alpha_i p_{ai} = -A_{ij} p_{aj} - A_{ik} p_{nk} \quad (4-29)$$

4.3.2 流体域声场分析特征场点的确定

通过对由液流系统耦合分析得到的内部流体流动特性进行分析，在流体域内及耦合面上选定 10 个有代表性的关键位置作为声场分析的特征场点，通过获取这些特征场点上的声压级分布情况，研究闸板关闭过程中噪声分布规律及产生的原因。图 4-7 为选定的 10 个特征场点位置示意图，其中点 1、点 2 和点 3 位于闸板出口处，点 4 位于闸阀后部直管处，点 5～点 9 位于弯管内外侧，点 10 位于液流系统出口处。

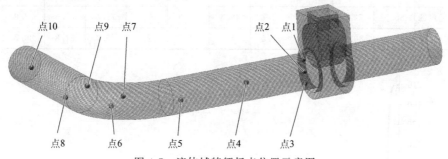

图 4-7 流体域特征场点位置示意图

4.3.3 特征场点处声压及频率响应分析

液流系统内部流体湍流产生的脉动压力的声压频率响应范围较大，各个特征场点声压值总体遵循由骤降到缓降，最终到小范围波动的变化趋势，大致分为四个变化区域：高位区、骤降区、缓降区及稳定区。表 4-3 为特征场点各区域平均声压值。因篇幅有限，本章仅以开度 A 和 D 为例进行声压频响分析，图 4-8～图 4-12 为开度 A 和 D 时各场点声压频率响应曲线，图中 A-1 表示开度 A 时场点 1，其余类同。

表 4-3 特征场点各区域平均声压值　　　　　　　　　　　　　　dB

场点	1		2		3		4		5	
开度	A	D	A	D	A	D	A	D	A	D
高位区	207.6	215.2	207.2	216.6	208.0	222.2	208.2	215.2	208.2	202.8
骤降区	103.8	114.4	99.5	116.1	104.5	112.7	107.8	110.0	107.4	116.6
缓降区	54.3	85.4	55.4	86.1	54.4	85.2	53.9	90.0	54.0	86.2

续表

场点	1		2		3		4		5	
开度	A	D	A	D	A	D	A	D	A	D
稳定区	43.5	71.5	44.7	72.5	43.5	72.2	46.5	73.9	46.7	72.2
总声压	49.5	79.0	50.5	79.9	49.5	79.4	52.1	81.6	52.3	79.6
场点	6		7		8		9		10	
开度	A	D	A	D	A	D	A	D	A	D
高位区	207.5	205.1	210.7	220.0	211.7	225.9	208.3	206.7	204.7	220.7
骤降区	116.2	113.3	103.3	112.5	114.4	117.7	108.1	116.8	102.3	108.0
缓降区	64.5	89.9	54.4	85.1	64.2	91.1	54.2	86.0	58.9	90.3
稳定区	50.5	72.3	44.8	71.8	49.4	72.6	47.0	72.4	45.6	72.6
总声压	56.7	80.5	50.7	79.0	55.8	81.5	52.6	79.7	51.8	80.7

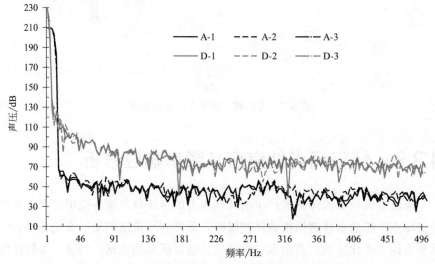

图 4-8 开度 A 和 D 时点 1、2、3 声压频率响应曲线对比

由图 4-8 可以看出：闸阀开度 D 时因闸板扰流作用的影响，闸板后部三个场点（1、2、3）声压值普遍比闸阀全开时高 30dB 左右；开度 D 时高位区非常小，直接进入骤降区，到 170Hz 左右时进入稳定区；开度 A 时缓降区很小，直接由骤降区进入稳定区，说明闸板全开时，闸板对管内流场特性影响很小；A-1 和 A-3 曲线吻合度较高，A-2 有轻微波动，说明全开工况下内部流体主要受弯管影响；开度 D 时，在骤降区三点曲线吻合度较高，进入稳定区后波动增大，尤其是 D-1 点，出现 3 次大的波谷，D-2 声压值基本大于其他两点，说明在闸板下端位置会产生小的涡旋，产生的声压略强。

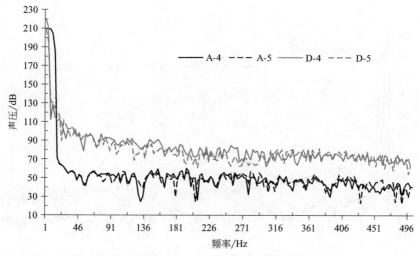

图4-9 开度A和D时点4、5声压频率响应曲线对比

由图4-9可以看出：闸阀开度A时，液流系统内A-4和A-5声压频率响应曲线吻合度较高，总声压平均值仅相差0.2dB，说明闸阀全开时，闸板对管内流场特性影响很小，弯管前流体流场特性相似，但点4、点5已开始受弯管旋流的影响，平均声压值较点1~3升高2.5dB左右；开度D时，受闸板扰流影响，点4、5声压值明显大于全开状态，但因距离闸板较远，影响减弱，故差值有所减少（27dB）；开度D时，因距闸板较近，点4的声压值较点5偏大，尤其在声压高位区和缓降区差值更大。

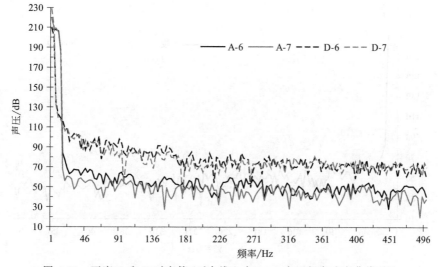

图4-10 开度A和D时弯管45°中线上点6、7声压频率响应曲线对比

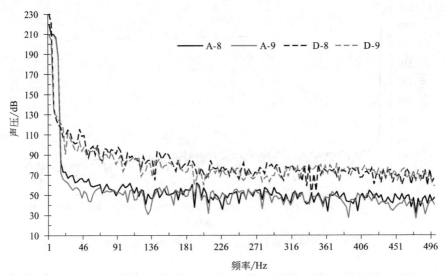

图 4-11　开度 A 和 D 时弯管 90°出口处点 8、9 声压频率响应曲线对比

由图 4-10 和图 4-11 可以看出：液流系统弯管区域外侧点 6、8 声压值均大于内侧点 7、9，说明虽然液流系统内部流体在弯管内外侧均会出现涡旋和压力差，但弯管外侧受高速流体挤压冲击更严重，因此外侧声压值较高；开度 A 时的 6、7 两点平均声压差值为 6dB（12%），明显大于开度 D 时 6、

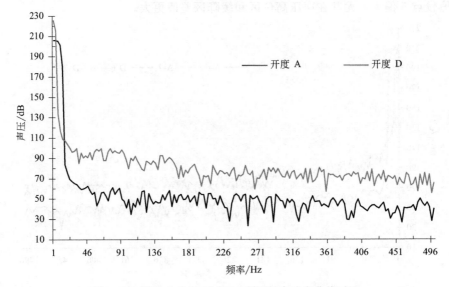

图 4-12　开度 A 和 D 时点 10 声压频率响应曲线对比

7两点平均声压差值 1.5dB（1.9%），说明闸阀全开时，液流系统内部流体主要受弯管旋流影响，弯管外侧耦合面压力脉动更剧烈，故内外侧压力差更大；各开度下，虽然相同点的声压值基本相同，但开度 A 时的 8、9两点平均声压差值为 3dB（2.8%），明显小于 6、7 两点，说明弯管出口处耦合面压力脉动变化不大，故声压值变化较小，但内外侧上的压力脉动接近。

由图 4-12 可以看出：闸阀开度为 D 且液流系统内各特征场点声压值均大于开度 A，说明闸板扰流作用对整个流体域的影响都十分明显；开度 A 时声压波动比较明显，说明全开时弯管旋流作用会造成内部流体波动性变化。

4.3.4 流体与固体耦合面表面声压分布

将液流系统内流体域与固体域耦合面定义为面发散声源，并由数值计算得出各个开度不同频率下的耦合面上偶极子声源分布，然后通过对其进行流噪声分析计算，最终得到不同频率下耦合面上的声压 dB（RMS）分布云图。表 4-4 为开度 A 和 D 时典型频率下的耦合面声压 dB（RMS）分布云图。

表 4-4 开度 A 和 D 时典型频率下的耦合面声压 dB（RMS）分布云图

频率	开度 A	开度 D
4		
10		

续表

频率	开度 A	开度 D
40		
175		
499		

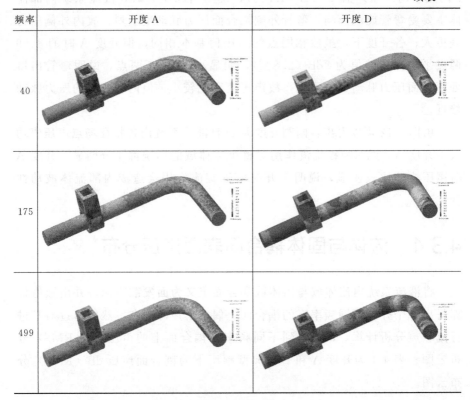

由表 4-4 可以看出，液流系统耦合面在不同频率下的表面分布完全不同，声压 dB 值符合四区变化规律：

① 在高位区（如图示 4Hz），两个开度下表面声压分布较为均匀且相似，但声压值非常高，除在闸板后 0.5m 处出现明显的声压较低区域外（该区域流速及湍动能也较低），其余区域基本上均达到 212dB 以上，与内部流场特性分布基本一致。

② 在骤降区（如图示 10Hz），开度 D 较开度 A 的表面声压值波动明显较大且分布极不均匀，尤其在闸阀至弯管前声压值高低交错变化，声压高压出现在该区域和出口处，达到 140dB 左右。

③ 在缓降区（如图示 40Hz），两种开度下表面声压分布明显不同，开度 A 时高压集中分布在闸阀和弯管后部，并呈点状分布，开度 D 时高压集中分布在闸阀后部和管路出口处，并呈波纹状分布，且开度 D 时的平均声压值普遍高于开度 A 约 20dB。

④ 在稳定区（如图示 175Hz 和 499Hz），两种开度下表面声压分布也明

显不同，但开度 A 时稳定区与缓降区表面声压分布相似，高压均集中分布在闸阀和弯管后部，并呈点状分布；开度 D 时高压区域增大十分明显，几乎贯穿整个流体域，即从液流系统进口处开始，表面声压就呈现明显的高、中、低交替变化，最高声压值在 85dB 左右，且平均声压值普遍高于开度 A 约 22dB。

4.4 闸阀流致振动造成故障成因分析

经现场调研发现，随着闸阀启闭次数的增加，闸阀闸板关闭过程中会不同程度地出现闸板运行不畅、振动加剧、啸叫及磨损现象。通过解体报废闸阀后发现，几乎所有闸阀的闸板、闸板与阀体导向条都出现不同程度的磨损和应力裂纹等损伤。因此，可通过研究闸阀弯管液流系统内流固耦合下的流致振动噪声特性，找到故障成因，为提出抑制振动噪声方案提供依据。

4.4.1 闸阀振动加剧及啸叫成因分析

在液流系统流固耦合分析过程中，监测内部流体对闸板壁面的力矩变化，并对监测数据进行快速傅里叶变换，对快速傅里叶变换后的结果进行整理分类。因篇幅有限，选取 4 个典型开度进行详细说明，表 4-5 为 4 个典型开度下流体对闸板壁面的力矩的快速傅里叶变换结果。由表 4-5 可以看出：开度 A 和开度 D 经过快速傅里叶变换之后较大幅值均出现在 10Hz 以内，即闸阀所受力矩的脉动很小或者脉动频率很低；开度 F 经过快速傅里叶变换之后在 20~30Hz 的幅值大于 0，即若系统模态小于 30Hz，系统存在共振的可能；开度 G 经过快速傅里叶变换之后在 0~50Hz 的幅值均大于 0，且在 20~30Hz 范围内幅值较大，即当系统模态小于 30Hz 时，系统容易产生共振。所以当液流系统的闸阀开度低于（或等于）44% 时，可能会产生系统共振并导致闸阀剧烈振动以及啸叫等现象，而且开度越小越容易产生。

表 4-5 典型开度下流体对闸板柜壁面的力矩的快速傅里叶变换结果

开度	快速傅里叶变换结果	放大快速傅里叶变换结果
A		
D		

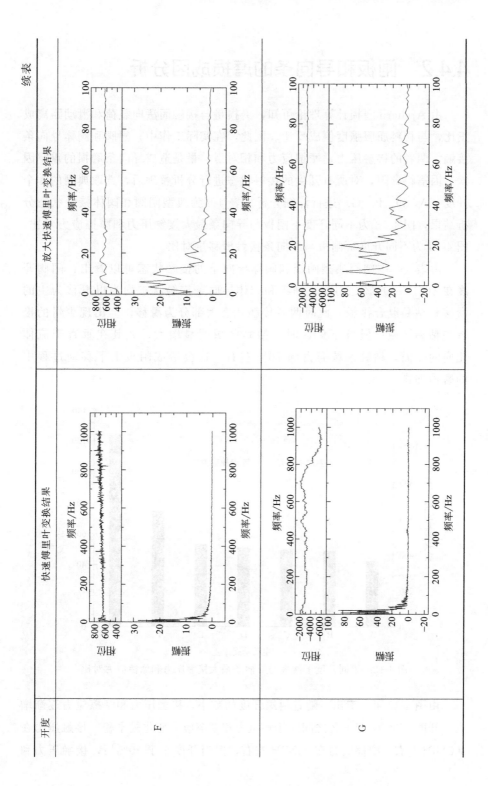

4.4.2　闸板和导向条的磨损成因分析

由 Archard 磨损计算理论可知，磨损量与接触面法向载荷和滑动距离成正比，与材料屈服强度值成反比。因此，在实际工作中，闸阀和阀体导向条接触，两者的接触压力、摩擦应力和相对滑移量是造成导向条磨损的重要因素。因篇幅有限，对所有开度的接触状态进行分析整理后，选取典型的 4 个开度（A、D、F、G）进行详细分析。表 4-6 为典型闸阀和阀体接触状态分析结果，图 4-13 为不同开度下闸板与导向条最大接触压力和摩擦应力对比，图 4-14 为不同开度下闸板与导向条接触滑移量对比。

由表 4-6 中闸阀典型闸板和阀体导向条的接触状态可以看出：闸阀开度在 30%～100% 之间时，闸板和阀体导向条接触状态均为以滑移为主的滑移和粘黏混合接触，此时两者接触状态大部分为滑移，会出现少量的接近和粘黏区域；但当开度 G 时，粘黏区域明显增大，尤其在垂直于流体流向的侧面，粘黏区域会占到 70% 左右，这会造成闸板上下移动过程中的磨损加剧。

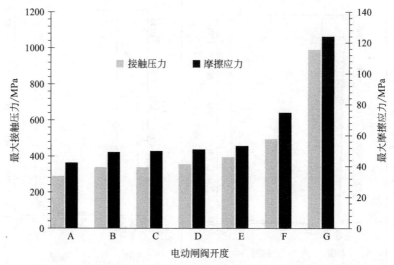

图 4-13　不同开度下闸板与导向条最大接触压力和摩擦应力对比

由图 4-13 可以看出：随着闸阀开度的减小，接触压力和摩擦应力逐渐增大，开度在 30%～100% 之间时接触压力和摩擦应力变化较平稳，接触压力在 360MPa 左右，摩擦应力在 44MPa 左右，但当开度小于 30% 后，接触压力和

表 4-6　典型闸阀和阀体接触状态分析结果

<table>
<tr><th>开度</th><th>接触状态</th><th>接触压力</th><th>摩擦应力</th><th>接触滑移量</th></tr>
<tr><td>A</td>
<td>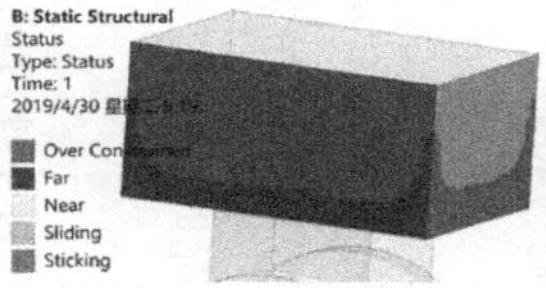
</td>
<td>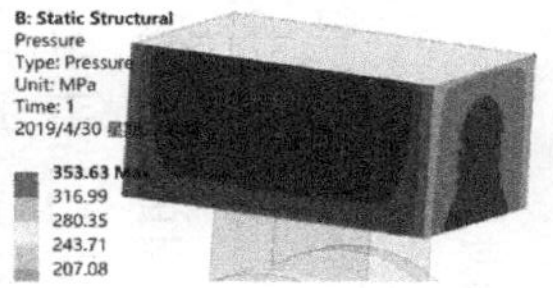
</td>
<td>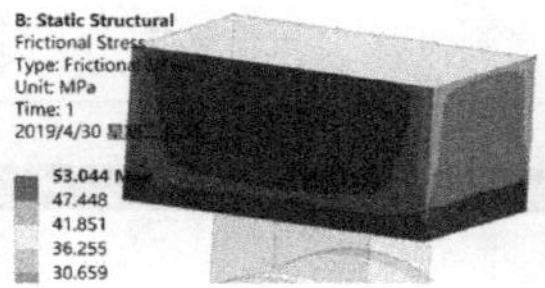
</td>
<td>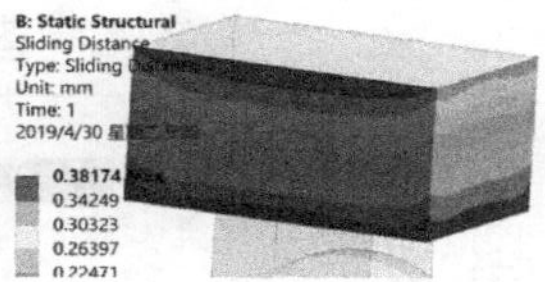
</td></tr>
<tr><td>D</td>
<td>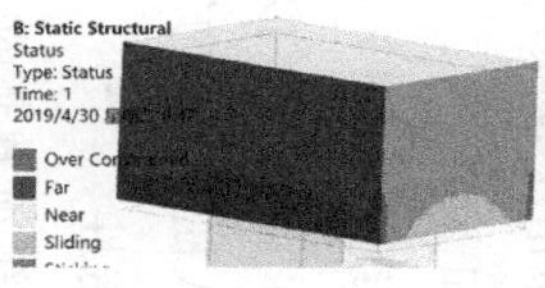
</td>
<td>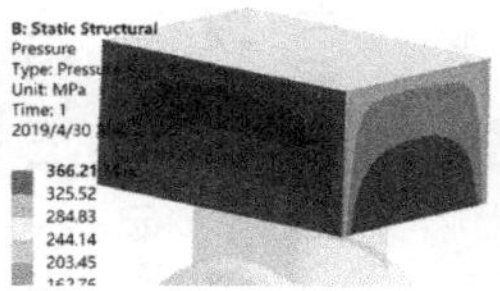
</td>
<td>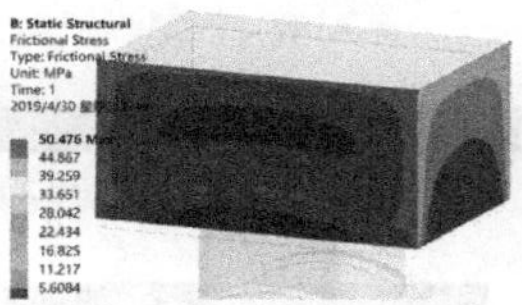
</td>
<td>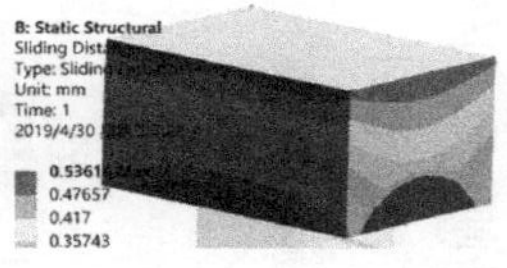
</td></tr>
<tr><td>F</td>
<td>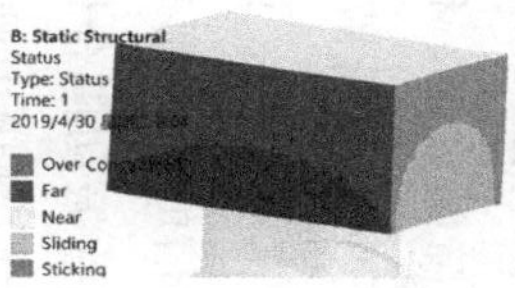
</td>
<td>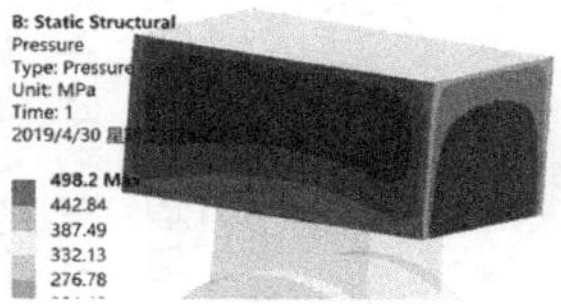
</td>
<td>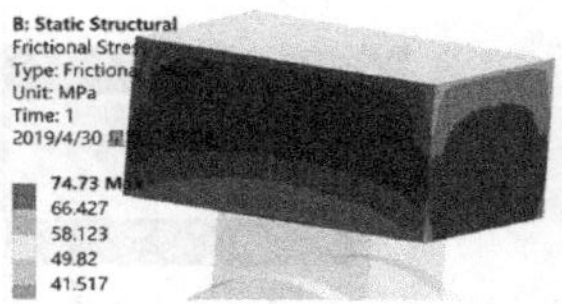
</td>
<td>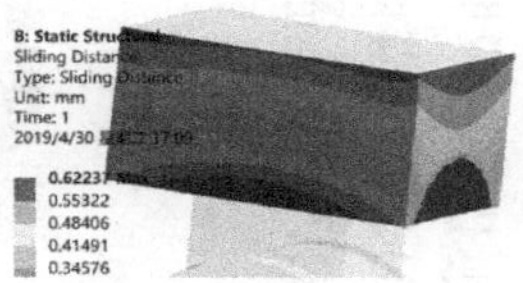
</td></tr>
<tr><td>G</td>
<td>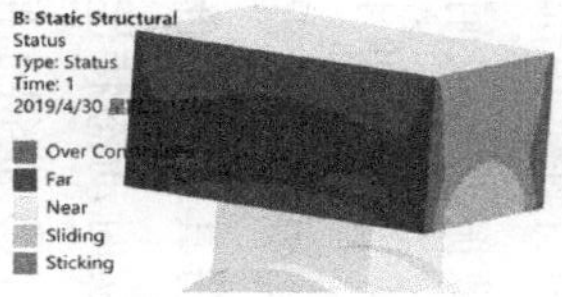
</td>
<td>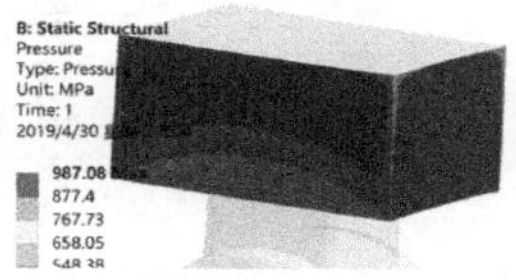
</td>
<td>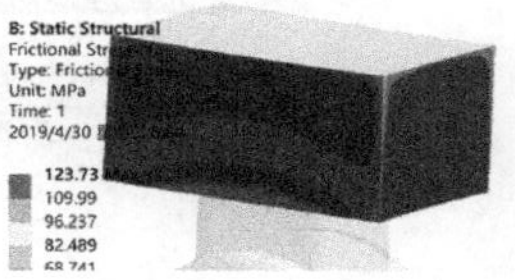
</td>
<td>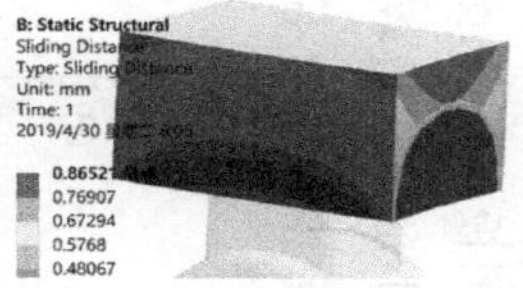
</td></tr>
</table>

摩擦应力急剧增大，尤其在开度 G 时，最大接触压力达到了 987MPa，已经接近闸板材料的最大屈服极限，说明此时闸板和阀体导向板在闸板上下移动过程中的磨损量较大。另外，随着闸板开度的减小，闸板压力脉动变大，也会导致接触面的不断滑移，使接触面产生疲劳磨损。

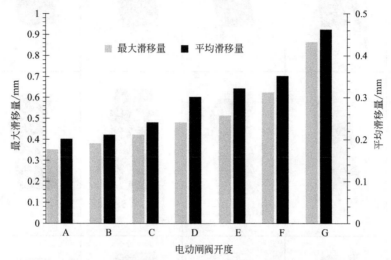

图 4-14　不同开度下闸板与导向条接触滑移量对比

由图 4-14 可以看出：闸板的相对滑移量随开度减小呈均匀递增趋势，但开度 G 时，滑移量增幅较大，此时最大滑移量达到 0.86mm，平均滑移量为 0.46mm 左右，故这也是导致闸板和阀体导向条磨损的主要原因。

本章在掌握闸阀关闭过程中液流系统内流场的实时动态特性及流动参数变化规律的基础上，研究分析了闸阀关闭过程中液流系统耦合模态流致振动噪声特性，内部流场、耦合面噪声分布情况及噪声频率响应特性，并分析了流致振动造成闸阀故障的成因，得到如下结论：

① 建立并求解了闸阀弯管液流系统的有限元简化模型及振动方程，与大涡模拟法分析结果基本一致，说明采用大涡模拟法模拟液流系统耦合模态的仿真方法是合理可信的，可用来深入研究不同开度工况时的液流系统流场的实时动态特性及流致振动耦合模态特性。

② 获得了闸阀关闭过程中液流系统流致振动及耦合模态特性，并按振型和故障类型进行分析整理，分别获得了造成螺栓断裂和连接失效、闸板与阀体导向条磨损、接触面材料的微动疲劳损伤和闸板运行卡涩等故障的模态阶次。

③ 获得了不同频率下流体与固体耦合面流致噪声声压分布情况及各个特征场点声压频率响应曲线，声压值随频率响应大致遵循先快速降低后逐渐稳定的规律，且随着闸阀开度减小，声压值明显增大。

④ 随着闸板开度的减小，闸阀和阀体导轨接触的区域接触压力和摩擦应力逐渐增大，同时闸板压力脉动也变大，易导致系统共振及啸叫等现象，此外接触面相对滑移和接触压力增大，容易使闸板上下移动时接触面产生疲劳磨损。

第 5 章

基于减振降噪的结构优化及验证

对闸阀关闭过程中闸阀弯管液流系统内高温高压蒸汽流体耦合流态特性及流致振动噪声响应分布规律的研究，表明随着闸板开度的减小，闸板对内部高温高压蒸汽流体的扰流越来越明显，加上阀后弯管强制旋流作用，造成液流系统内部流体湍流愈加剧烈，流动愈加复杂，同时不断发生流体脱落产生涡旋，导致流体出现不同程度的流动分离，对闸阀和管路等部位产生了连续的压力脉动，诱发液流系统产生耦合振动噪声，并产生啸叫及疲劳磨损等故障。

为了降低液流系统流致振动噪声，避免液流系统共振及导向条疲劳磨损，就要从根本上尽量抑制内部流体涡旋，减弱湍动能，降低压力损失，减少流体压力脉动。

目前，工程中常用两种方法抑制流体涡旋：

一是采取主动控制方式，即采用增加或减小涡旋的能量的方式来减少或削弱涡旋，这种办法最直接有效，但对于舰船装置一级回路充液管路系统来说，实际实施非常困难。

二是通过改变闸阀及管路固体结构抑制涡旋，即在掌握液流系统内部流场分布特性和振动噪声特性的基础上，从固体结构的优化设计上，避免或降低流体流态突变程度，抑制或削弱涡旋，降低内部流体压力脉动，以期实现液流系统减振降噪的目的。

5.1 抑制振动噪声的结构优化方法及方案确定

5.1.1 液流系统流致振动噪声成因分析

通过对闸阀关闭过程中液流系统内部蒸汽流场的实时动态特性及内部流体流动参数变化规律的研究，可以看出随着闸板开度逐渐减小，闸板处过流截面积越小，闸板后部流体越容易形成湍流，局部流速、湍动能越大，流线越混乱，闸板前后形成压差越大，对液流系统固体结构件冲击越强，压力损失也越严重，也就更容易产生系统振动及噪声，对系统造成的破坏性也将更严重。因篇幅有限，本章分析仅以开度 D、G 为例进行详细分析说明。表 5-1 为开度 D 和 G 时闸阀及其后部局部流体流态特性分布云图。

表 5-1　开度 D 和 G 时闸阀及其后部局部流体流态特性分布云图

项目	开度 D	开度 G
湍动能分布云图	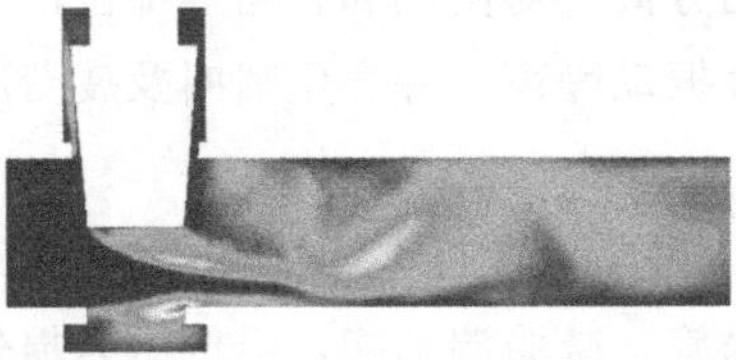	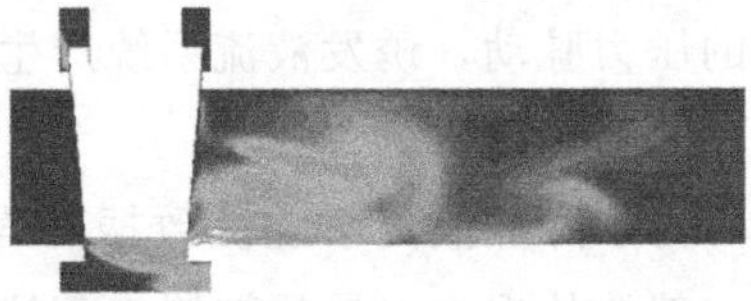
速度流线云图	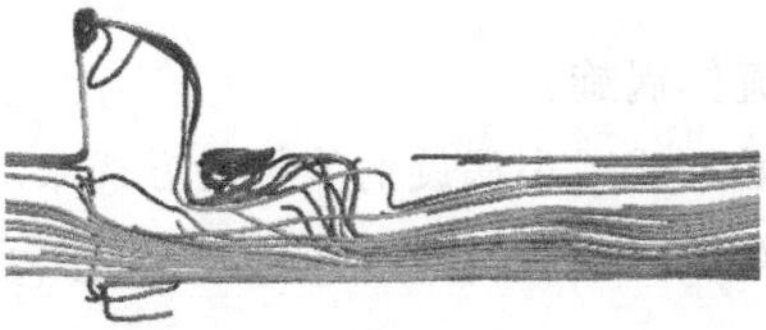	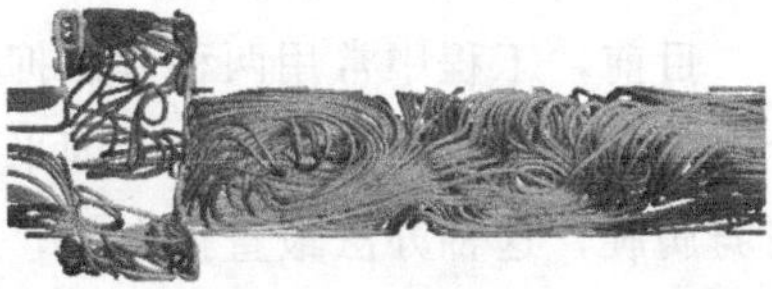
速度矢量分布云图	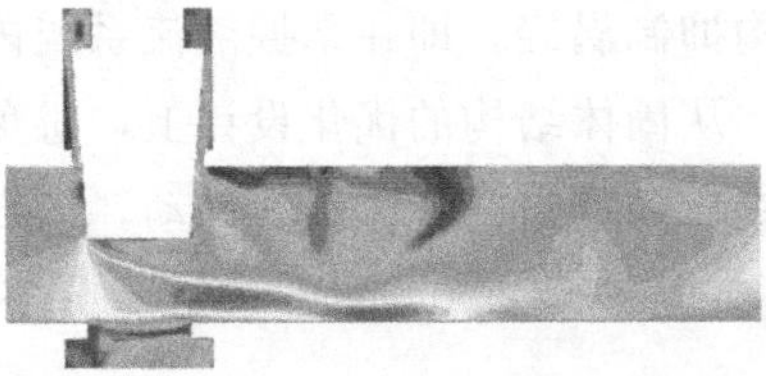	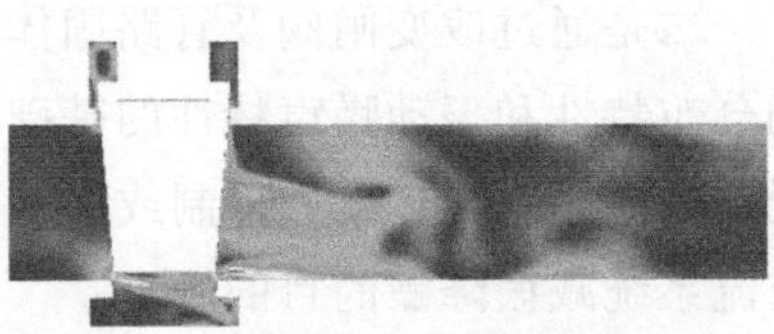
压力云图	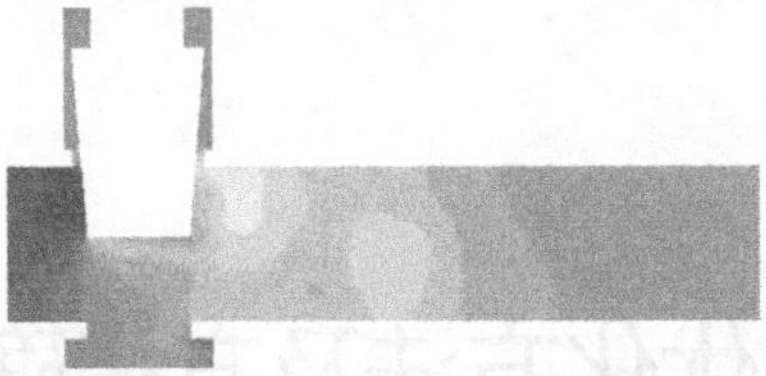	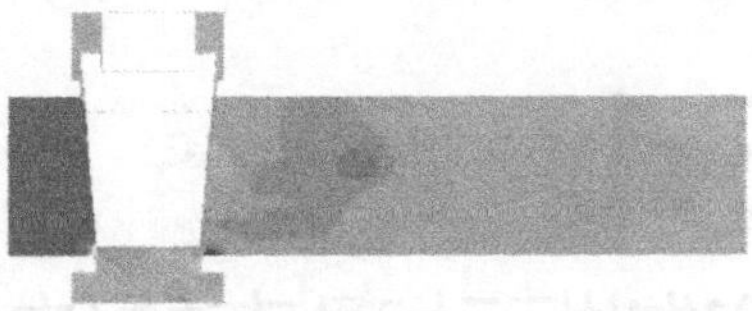

由表 5-1 可以看出：

① 在闸板和阀体迎流方向边缘处均出现明显的对冲流现象，此处的流体流动极不稳定，在闸板的下方形成一个明显的对冲区域射流，流体激烈对冲使流体流动十分紊乱，流体湍动能局部明显增强。同时在对冲区域上方也形成空穴区，会使流体不规则流动，反复冲击闸板，并产生强烈的脉动压力，从而引起闸阀结构件振动。

② 闸阀闸板与阀体密封楔面形状相同，均为椭圆形状，其底部弧度也相同。在闸板开口较小时，整个闸板两侧会形成狭长缝隙，出现过流流速局部激增，闸板前后压差急剧增大的现象。在实际闸阀检修过程中也发现此处

的闸板和阀体均出现明显的磨损。

③ 随着闸板开度减小，闸板背面会形成较大的流体负压，使流体发生回流，这是造成闸阀后部产生湍流的主要原因。

④ 在场点4周围涡旋剧烈，湍动能较强，速度流线较混乱，造成此处声压值也较高（参照表4-3）。

所以，要抑制液流系统振动及噪声，需从减少流体射流、降低闸阀前后压差及压力脉动、减弱阀后流体涡旋入手，制定结构优化方案。

5.1.2 闸阀及管路结构优化方法及方案确定

液流系统闸阀区域内流体的流动状态主要为对冲流和附壁流，其中对冲流会形成空穴区和对冲区，并产生强烈的脉动压力，从而引起系统振动。所以，要通过结构优化将流体的对冲流尽可能地转变为附壁流，可在阀体及闸板突变部位及边缘位置设计合理的过渡圆角，将闸板最下部过流部位由圆弧改为平底结构。图5-1所示为在闸阀阀体和闸板上增加过渡圆角示意图。图5-2为优化后的平底闸板结构示意图。

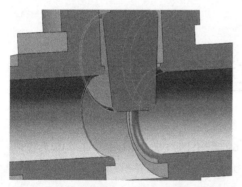
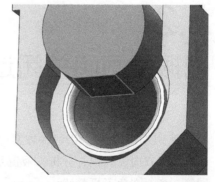

图5-1　阀体和闸板上增加过渡圆角示意图　　图5-2　优化后的平底闸板结构示意图

此外，经研究发现，如果增加闸板后管道直径，可以有效地减少其背面流体负压及回流，故可在闸阀出口处将等直径圆管优化，加装鼓形变径扩缩管段，通过增加闸阀出口直径来降低出口压力。图5-3所示为阀后加装鼓形变径扩缩管段结构示意图。

为更好地研究上述结构优化方法对闸阀弯管液流系统减振降噪的影响程度，找到最优的优化方法，在进行CFD分析验证时，制订两套组合优化方案，并对优化后的液流系统进行双向流固耦合分析，对比分析结果找出最优

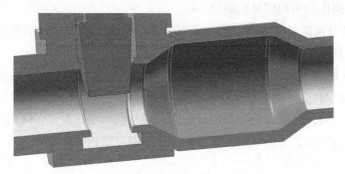

图 5-3　阀后加装鼓形变径扩缩管段结构示意图

优化方案。

方案1：在阀体及闸板突变部位及边缘位置设计合理的过渡圆角，并将闸板最下部过流部位由圆弧改为平底结构。

方案2：在阀体及闸板突变部位及边缘位置设计合理的过渡圆角，并在闸阀出口处将等直径圆管换成鼓形变径扩缩管。

5.2 减振后闸阀关闭过程流场特性分析

用FLUENT对采用两种方案优化后的不同开度下闸阀弯管液流系统进行有限元双向流固耦合分析，液流系统网格划分、边界条件定义及分析方法同第3章，在此不再赘述。

5.2.1　减振后闸阀关闭过程中流体速度场

对减振优化后闸阀各个开度下耦合后的流场速度矢量云图和流线云图进行分析整理，表5-2为开度D和G时两种优化方案的速度矢量云图，表5-3为开度D和G时两种优化方案的速度流线云图，图5-4为开度D和G时优化前后流体最大流速对比。

表 5-2 开度 D 和 G 时两种优化方案速度矢量云图

开度	方案 1	方案 2
D		
G		

表 5-3 开度 D 和 G 时两种优化方案的速度流线云图

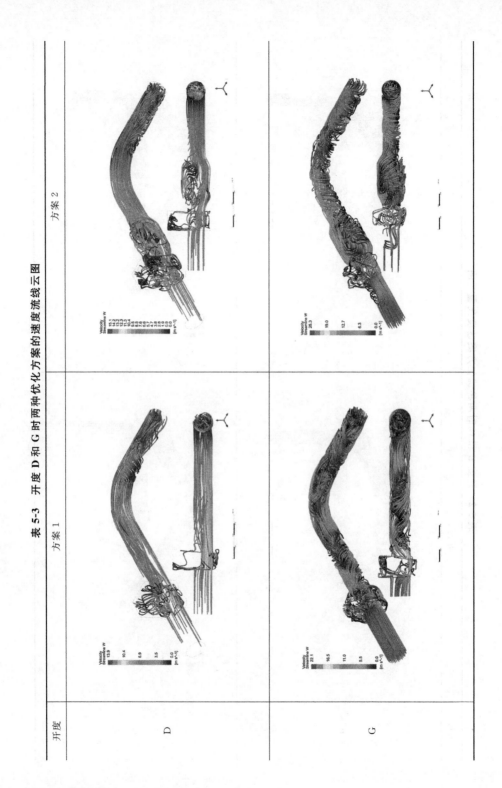

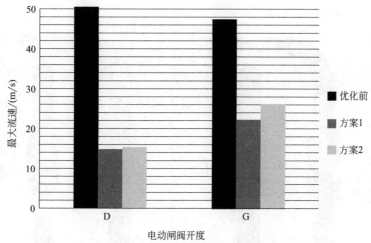

图 5-4 开度 D 和 G 时优化前后流体最大流速对比

由表 5-2、表 5-3 和图 5-4 可以看出：

① 在闸板开度 D 时，采用方案 1 优化后可明显看出流场分布更加均匀，闸板下方的附壁流现象更为明显，阀后向均匀流转变更加迅速，且闸阀周围没有涡旋产生，只在弯管后半段产生一个涡旋，但其强度已明显弱于优化前的涡旋强度；采用方案 2 优化后在鼓形变径扩缩管内上部流体出现一个比较弱的涡旋并有少量回流，弯管后端较优化前已没有明显涡旋。

② 在闸板开度 G 时，闸板开度很小，内部流体涡旋不可避免，流体最大速度均出现在闸板下端处，采用方案 1 优化后可明显看出涡旋数量少于优化前，其强度也明显降低。方案 2 加装鼓形变径扩缩管使管道直径增大，流速下降，虽然优化后流线也比较混乱，但较优化前没有形成强的涡旋和回流。

③ 两种优化方案均可明显降低内部流场最大流速，在闸板开度 D 时两种方案优化后流速降低约 70%，在闸板开度 G 时方案 1 优化效果较方案 2 更明显，方案 1 可使最高流速降低 53%，方案 2 使最高流速降低 44.5%。

5.2.2 减振后闸阀关闭过程中流场湍动能

对减振优化后闸阀各个开度下耦合后的流场湍动能分布云图进行分析整理，表 5-4 为开度 D 和 G 时两种优化方案湍动能分布图，图 5-5 为开度 D 和 G 时优化前后流体最大湍动能对比。

表 5-4 开度 D 和 G 时两种优化方案湍动能分布图

开度	方案 1	方案 2
D	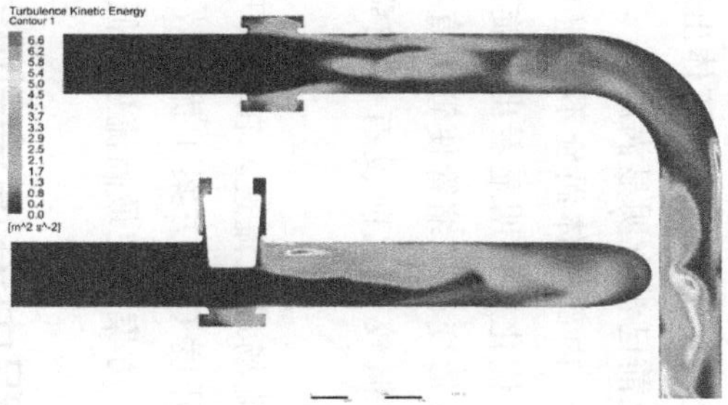	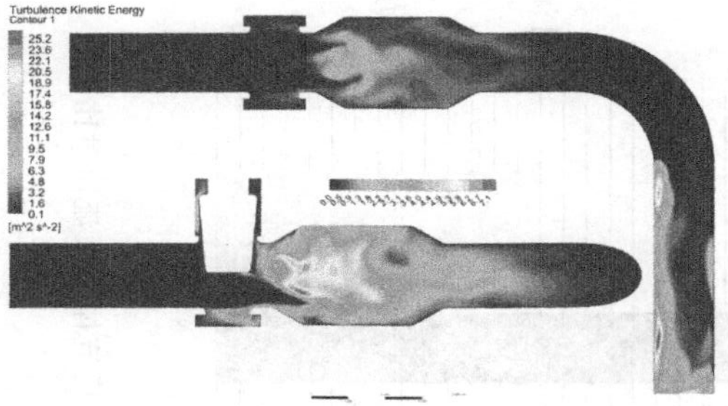
G	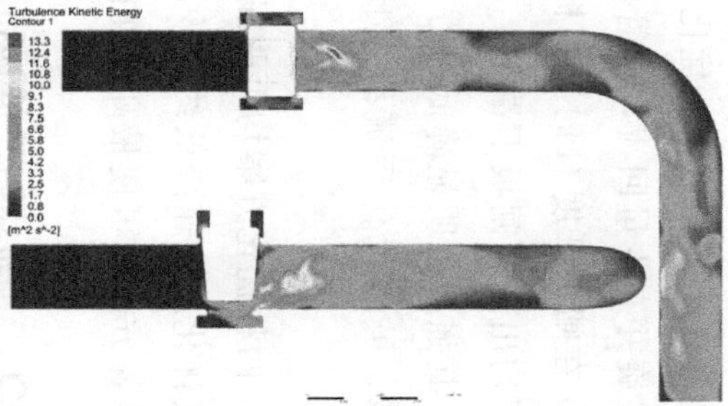	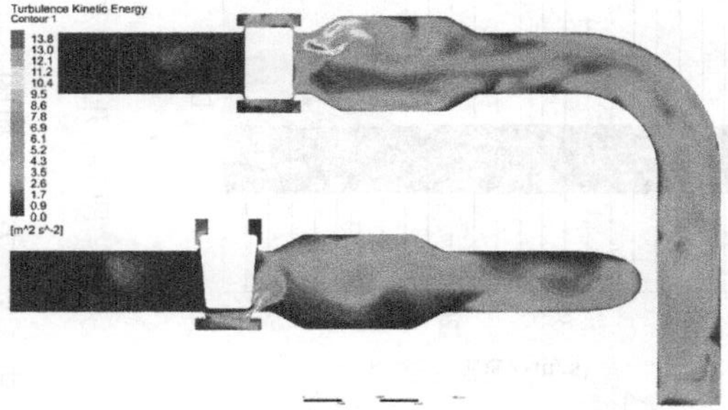

102　闸阀弯管液流系统振动噪声及阻抑

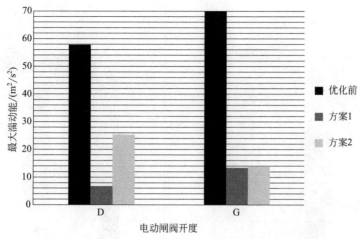

图 5-5　开度 D 和 G 时优化前后流体最大湍动能对比

由表 5-4 和图 5-5 可以看出：

① 在闸板开度 D 时，采用两种方案优化后的湍动能分布明显与优化前不同，在闸阀后部区域，优化前因出现射流和局部强湍流现象，其湍动能高能区集中在闸板下端附近；采用方案 1 优化后因闸板扰流作用减弱，可明显看出优化后的流场分布更加均匀，在闸板下方的附壁流现象更为明显，阀后向均匀流转变更加迅速，仅在阀后上部区域产生少量湍流，但其能量已明显减弱；方案 2 因增大出口直径，降低出口压力，虽在弯管后端也出现明显较高的湍动能区，但优化后湍动能高能区已明显后移并分散开。

② 在闸板开度 G 时，闸板开度很小，最大湍动能区均出现在闸板下端处，但采用两种方案优化后可明显看出湍动能较优化前分布更加均匀，其整体强度也明显降低。

③ 两种优化方案均可明显降低内部流场湍动能，在闸板开度 D 时方案 1 优化效果较方案 2 更好，方案 1 可使最高湍动能降低约 88%，方案 2 可使最高湍动能降低约 56%；在闸板开度 G 时采用两种方案优化后最高湍动能降低约 80%。

5.2.3　减振后闸阀关闭过程中流体压力场

对减振优化后闸阀各个开度下耦合后的流体压力场进行分析整理，表 5-5 为开度 D 和 G 时两种优化方案流场压力场分布云图，图 5-6 为开度 D 和 G 时优化前后各部位压差值对比。

表 5-5 开度 D 和 G 时两种优化方案流场压力场分布云图

开度	方案 1	方案 2
D		
F		

104 闸阀弯管液流系统振动噪声及阻抑

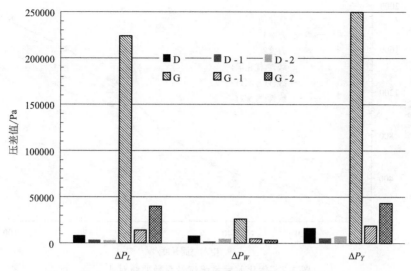

图 5-6 开度 D 和 G 时优化前后各部位压差值对比

由表 5-5 和图 5-6 可以看出：

① 闸板开度 D 时，采用两种方案优化后的压力分布明显较优化前均匀，尤其在弯管出口段最明显，且优化后各段压力差均明显减小，降幅在 40% 左右。

② 闸板开度 G 时，采用两种方案优化后压力分布明显较优化前分布更加均匀，其各段压力差均大幅度减小，降幅在 80% 左右，且方案 1 优于方案 2。

5.2.4 减振后液流系统特性曲线

流量系数、流阻系数和流量特性是闸阀弯管液流系统外特性的直接体现，现将采用两种方案优化后的液流系统流量系数、流阻系数和流量特性与优化前数据整理对比。图 5-7 为优化前后的液流系统流量系数曲线对比，图 5-8 为优化前后的流量特性曲线对比，图 5-9 为优化前后的液流系统流阻系数曲线对比。

由图 5-7 和图 5-8 可以看出：各个开度下优化后液流系统的流量系数均大于优化前，说明优化后结构均不同程度地提高了内部流体的通过量；方案 1 的流量系数趋势线最陡，优化前的流量系数趋势线最缓，说明方案

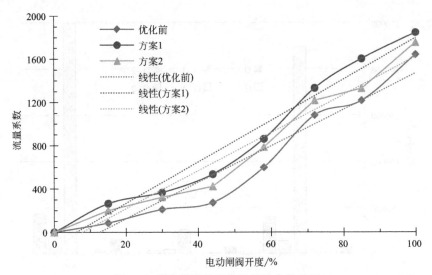

图 5-7 优化前后系统流量系数曲线对比

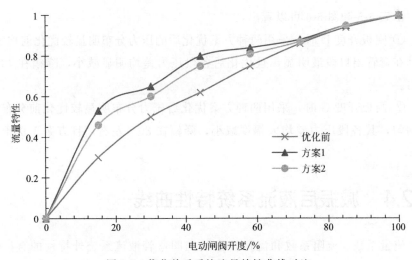

图 5-8 优化前后系统流量特性曲线对比

1 较方案 2 对液流系统通过量的优化更明显;方案 1 流量特性曲线更符合快开特性,闸阀开度很小时,其流量就比较大,随着开度的增大,流量可迅速增大,可以有效地减少闸阀低流量、高压损时间,从而减少系统振动噪声。

由图 5-9 可以看出:各个开度下优化后液流系统的流阻系数均小于优化前,说明优化后结构均不同程度地降低了内部流体的压力损失;当开度大于

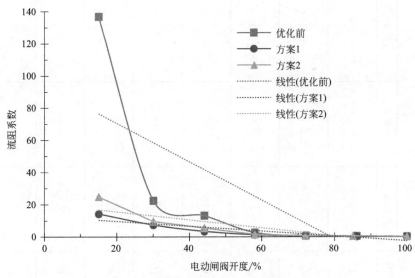

图 5-9 优化前后系统流阻系数曲线对比

60％时，优化前后的流阻系数偏差不大，曲线变化较平稳，但随着开度的减小，采用两种方案优化后的系统流阻系数减少量越来越大，说明两种优化方案对闸阀开度较小时的优化效果更明显；方案 1 的流阻系数均小于方案 2 的，说明方案 1 较方案 2 的液流系统压力损失更少。

5.3 减振后液流系统流致耦合振动特性分析

使用与流致振动耦合模态分析相同的平台和设置，对采用两种方案优化改进后的液流系统进行基于耦合模态的流致振动响应分析，最终得到采用两种方案优化后不同开度下液流系统前 10 阶耦合模态，并按振动发生的部位进行分类，得出优化后的闸阀弯管液流系统振型，其主要分为 4 类，表 5-6 为 D 和 G 开度下优化前后前 10 阶模态振型分类，图 5-10 为 D 和 G 开度下优化前后前 10 阶固有频率对比。

表 5-6　D 和 G 开度下优化前后前 10 阶模态振型分类

类型	系统振型图		对应开度	阶数		
				优化前	方案 1	方案 2
Ⅰ			D	1/2/4/5	1/2/3/4/7	1/2/3/4/10
			G	1/2/4/5/9	1/2/3/4/7/10	1/2/3/4/10
Ⅱ			D	3/6/7	5/6	5/6
			G	3/6/10	5/6	5/6
Ⅲ			D	8/9	8/9	7/8
			G	7	9	7/9
Ⅳ			D	10	10	10
			G	8	8	8

108　闸阀弯管液流系统振动噪声及阻抑

由表 5-6 可以看出：采用两种方案优化后液流系统振型类型与优化前一致，但部分阶次振型发生根本变化，其主要发生在Ⅰ、Ⅱ、Ⅲ三类振型的奇数阶次（3、5、7、9）上，具体如下：

① 优化方案 1 在开度 D 和 G 下发生Ⅰ类振型阶次数量增加，发生Ⅱ类振型阶次数量减少，说明采用方案 1 优化后的液流系统弯管端部更容易产生横向摆动，但闸阀阀体上部连接法兰处较优化前不易产生振动，故不易发生螺栓断裂和连接失效故障。

② 优化方案 2 在开度 D 和 G 下发生Ⅰ、Ⅲ类振型阶次数量增加，发生Ⅱ类振型阶次数量减少，说明采用方案 2 优化后的液流系统在闸阀阀体上部连接法兰处较优化前不易产生振动，不易发生螺栓断裂和连接失效故障，但在弯管端部和闸板下端部容易产生横向摆动，即闸板与阀体导向条发生磨损和管路产生振动噪声概率增加。

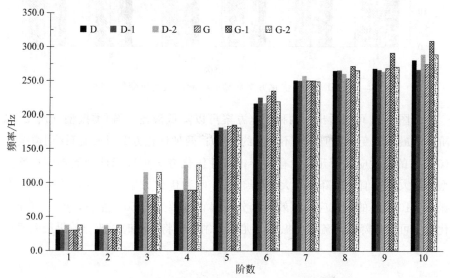

图 5-10　D 和 G 开度下优化前后前 10 阶固有频率对比

由图 5-10 可以看出：在 150Hz 以下的低频区，采用方案 1 优化后与优化前基本一致，但采用方案 2 优化后的固有频率较优化前增加明显（约 20%）；在 150~250Hz 之间的中频段，采用两种方案优化后与优化前固有频率基本一致；在 250Hz 以上的高频区，两种方案对开度 D 固有频率改变很小，对于开度 G，采用方案 1 优化后系统固有频率较方案 2 提高明显，说明两种优化方案可提高液流系统固有频率，减少液流系统低频振荡。

依据表 5-6，选取液流系统优化前后振型类似、阶次相同的 6 个阶次，进行优化前后液流系统最大应变值和最大应力值比对，图 5-11 为液流系统两种优化方案典型 6 个阶次最大应变值对比。

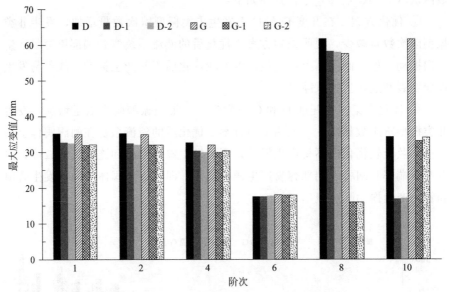

图 5-11　两种优化方案典型 6 个阶次最大应变值对比

由图 5-11 可以看出：两种优化方案可以降低液流系统Ⅰ类振型（1、2、4 阶）的最大应变值，但降幅不大（约 6%）；两种优化方案对液流系统Ⅱ类振型（6 阶）的最大应变值几乎没有改善；两种优化方案可以降低液流系统Ⅲ类振型的最大应变值，但降幅不大（约 4%）；两种优化方案对液流系统降低Ⅳ类振型（10 阶）的最大应变值效果十分明显，降幅达到 50% 左右，说明两种优化方案可明显降低液流系统振幅，尤其在闸板即将关闭时，改善效果最明显。

5.4
降噪后流固耦合面流致噪声分析

采用 4.3 节中与优化前液流系统耦合面流致噪声分析相同的模拟方法和设置，对采用两种方案优化改进后的液流系统进行基于耦合模态的流致振动的直接辐射噪声分析，因篇幅有限，仅选取开度 D 时最具代表性的频率声压响应结果进行详细分析。表 5-7 为开度 D 时两种优化方案在典型频率下的耦合面声压 dB（RMS）云图。

表 5-7 开度 D 时两种优化方案在典型频率下的耦合面声压 dB（RMS）云图

频率/Hz	方案 1	方案 2
10		
40		
79		
175		
499		

由表 5-7 和表 4-4 对比可以看出，优化前后液流系统耦合面在不同频率下的表面分布具有一定相似性，且声压 dB 值也基本符合四区变化规律，具体分析结果如下：

① 在高位区（如图示 10Hz），表面声压值波动较大且分布极不均匀，高压区主要集中在闸阀后部，采用两种方案优化后声压高压区均明显减少，在闸阀前部和弯管出口处均不存在高压区，其中，采用方案 2 优化后效果最明显，仅在闸阀后 1m 内出现少量高压区。

② 在骤降区（如图示 40Hz），高压区从闸板处开始成喷射扩散状至弯管前逐渐消失，采用方案 2 优化后闸阀前声压值最小，在弯管出口处采用方案 1 优化后声压值降低最明显。

③ 在缓降区（如图示 79Hz），高压区均较少，主要零星分布在闸阀出口处和弯管出口处，采用方案 1 优化后整体声压分布明显最优，采用方案 2 优化后中压区减少并向闸阀移动。

④ 在稳定区（如图示 175Hz 和 499Hz），从液流系统进口处，表面声压均开始呈现明显的高、中、低交替变化区域，采用方案 2 优化后的高压区少于优化前，且分布更均匀。

图 5-12 为开度 D 时优化前后典型场点声压值对比，图 5-13 为开度 D 时优化前后点 2 声压频率响应曲线对比，图 5-14 为开度 D 时优化前后点 6 声压频率响应曲线对比，图 5-15 为开度 D 时优化前后点 7 声压频率响应曲线对比，图 5-16 为开度 D 时优化前后点 10 声压频率响应曲线对比。

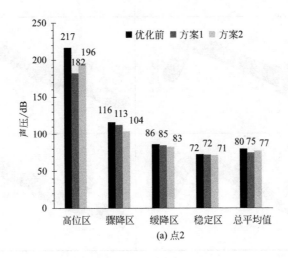

(a) 点2

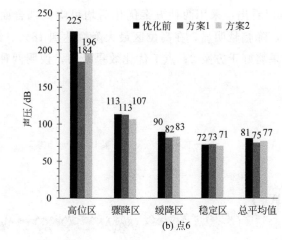
(b) 点6

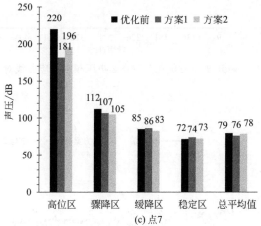
(c) 点7

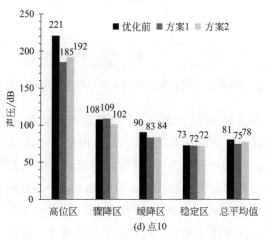
(d) 点10

图 5-12 开度 D 时优化前后典型场点声压值对比

由图 5-12 可以看出：采用两种方案优化后均可降低耦合面的噪声声压值，且频率越低，降幅越明显，在高位区最大降幅达到 18％。经综合比较，方案 1 的优化效果略好于方案 2；点 7 优化效果最弱，说明两种方案对弯管内侧影响较小。

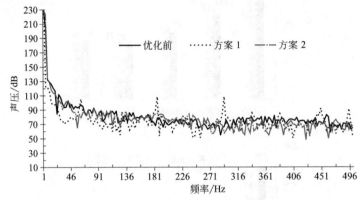

图 5-13　开度 D 时优化前后点 2 声压频率响应曲线对比

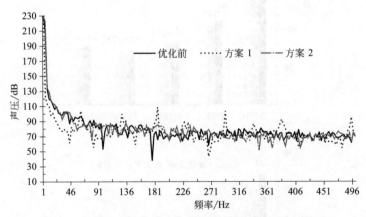

图 5-14　开度 D 时优化前后点 6 声压频率响应曲线对比

由图 5-13～图 5-16 可以看出：4 个典型场点优化前后声压频率响应大致相同；在低频区域（骤降区和缓降区），采用方案 1 优化后的声压明显最低，方案 2 其次；弯管外侧（点 6）声压波动明显大于弯管内侧（点 7），说明弯管外侧流体受弯管旋流影响较大；因方案 1 减少部分闸板面积，增大此刻闸阀通径，故在稳定区内方案 1 声压波动较大，出现 3～4 次声压峰值，而方案 2 波动明显比方案 1 平稳，所以如采用方案 1，应尽可能避免这几个峰值频率才能达到有效降低噪声的目的。

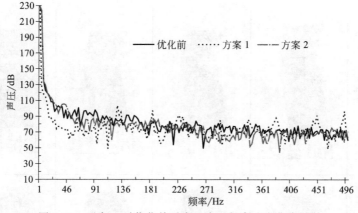

图 5-15 开度 D 时优化前后点 7 声压频率响应曲线对比

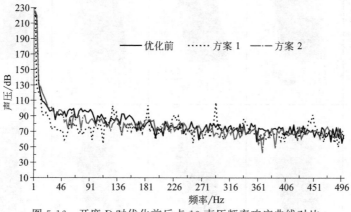

图 5-16 开度 D 时优化前后点 10 声压频率响应曲线对比

5.5 减振后闸板和导向条磨损改善情况分析

对两种方案所有开度的闸板和导向条接触状态进行分析整理后，得到如表 5-8 所示的开度 D 和 G 下优化后闸板和阀体导向条接触特性对比，图 5-17 为优化前后闸板和导向条平均接触压力和摩擦应力对比，图 5-18 为优化前后闸板和导向条滑移量对比。

表 5-8　开度 D 和 G 下优化后闸板和阀体导向条接触特性对比

<table>
<tr><td rowspan="2">开度
优化</td><td colspan="2">D</td><td colspan="2">G</td></tr>
<tr><td>方案 1</td><td>方案 2</td><td>方案 1</td><td>方案 2</td></tr>
<tr><td>接触状态</td>
<td>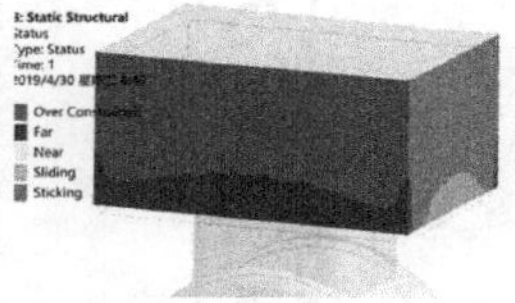</td>
<td>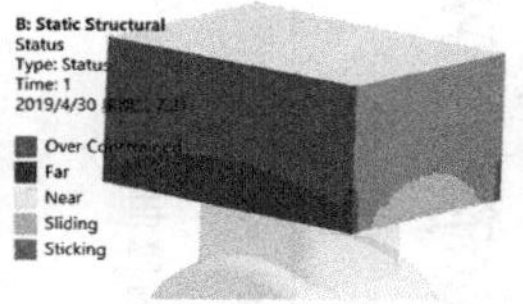</td>
<td>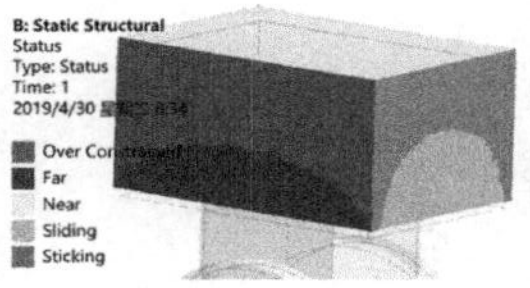</td>
<td>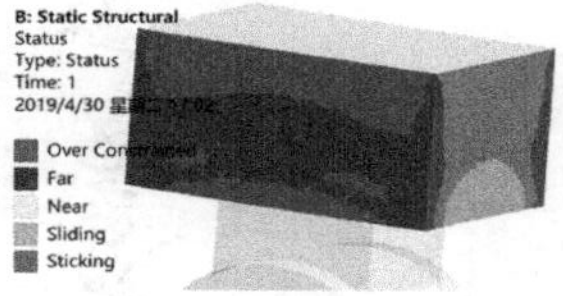</td></tr>
<tr><td>接触压力</td>
<td>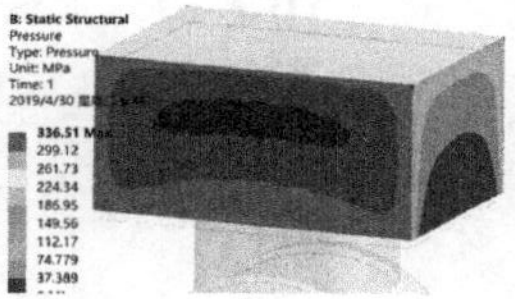</td>
<td>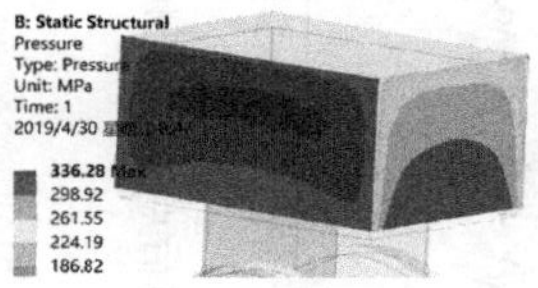</td>
<td>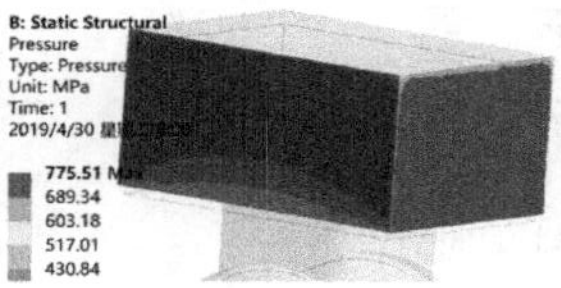</td>
<td>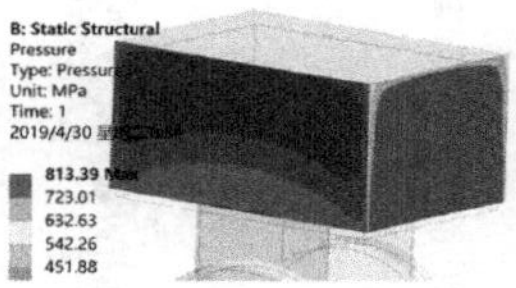</td></tr>
<tr><td>摩擦应力</td>
<td>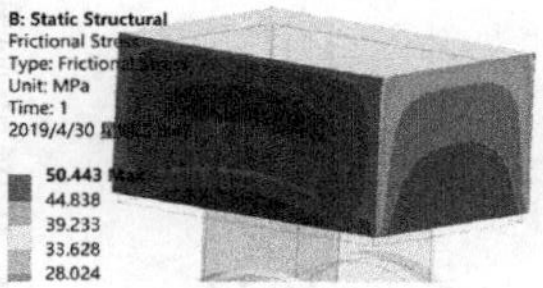</td>
<td>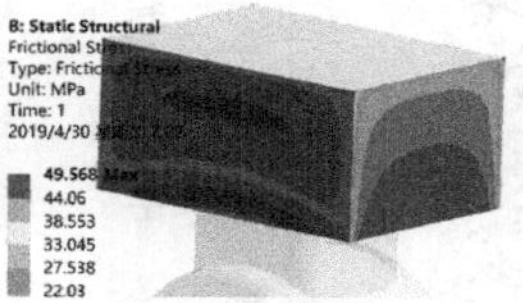</td>
<td>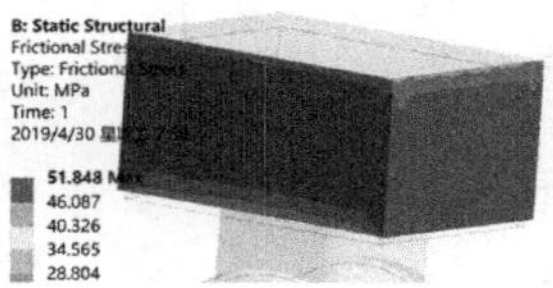</td>
<td>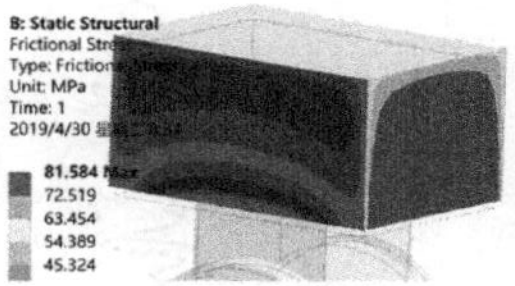</td></tr>
<tr><td>滑移量</td>
<td>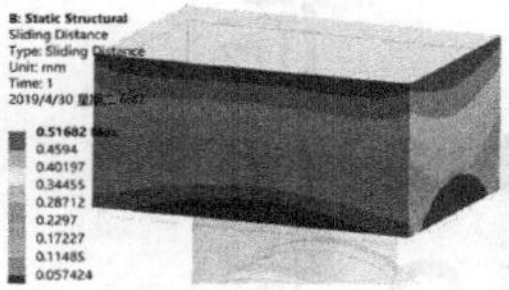</td>
<td>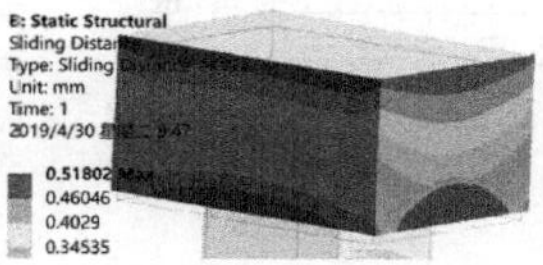</td>
<td>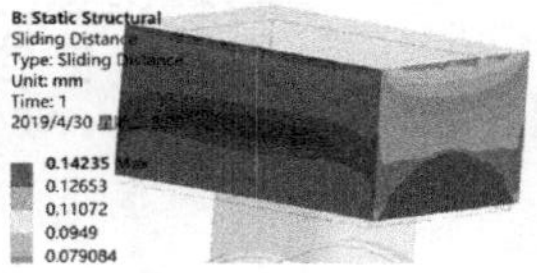</td>
<td>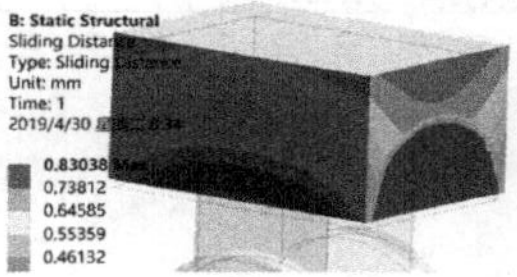</td></tr>
</table>

由表 5-8 可以看出：开度 D 下，优化前后闸板和阀体导向条的接触状态基本一致，三者均为以滑移为主的滑移和粘黏混合接触，此时两者接触状态大部分为滑移，会出现少量的接近和粘黏区域，各区域的占比变化不大，说明优化对大开度下闸板和阀体导向条的接触状态影响较小；但当开度 G 时，采用方案 2 优化后的粘黏区域略小于优化前的（减少约 15%），在上端面棱处没有粘黏区域，而采用方案 1 优化后粘黏区域减少非常明显（减少约 60%），尤其在四个垂直棱和上端面棱处已经没有粘黏区域，此时接触状态已变成以滑移为主，所以优化可以改善闸板上下移动过程中的磨损，其中开度越小效果越明显，方案 1 较方案 2 优化效果明显。

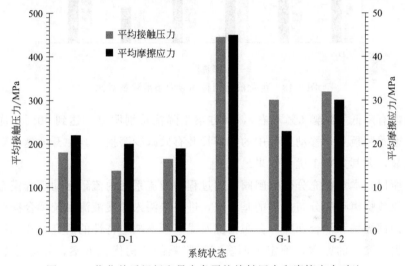

图 5-17 优化前后闸板和导向条平均接触压力和摩擦应力对比

由图 5-17 可以看出：开度 D 下，优化后的平均接触压力和平均摩擦应力较优化前均有减小，但降幅不大，其中采用方案 1 优化后的平均接触压力降幅最明显（降低约 20%），说明优化可以改善大开度下闸板和阀体导向条的接触压力和摩擦应力；但当开度 G 时，优化后的平均接触压力和平均摩擦应力较优化前降低十分明显，方案 1 降幅达到 45%，方案 2 降幅达到 30%，所以优化可以改善闸板上下移动过程中的受力情况并有效减少磨损，其中开度越小效果越明显，方案 1 较方案 2 优化效果明显。

由图 5-18 可以看出：开度 D 下，优化后的滑移量较优化前均略减小，但降幅很小（基本在 3%～5% 之间），说明优化可以略微改善大开度下闸板和阀体导向条的滑移量；但当开度 G 时，采用方案 2 优化后的滑移量较优

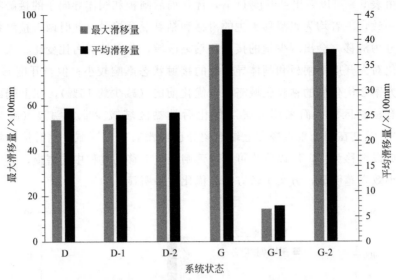

图 5-18 优化前后闸板和导向条滑移量对比

化前略有降低（降幅 5% 左右），而方案 1 降幅特别明显，达到 80%；优化可以改善闸板上下移动过程中的滑移量并有效减少磨损，其中开度越小效果越明显，尤其方案 1 优化效果最明显。

所以，本章在充分研究闸阀关闭过程中液流系统内流致振动耦合模态特性及流致噪声响应分布规律的基础上，进一步深入开展液流系统耦合振动特性、内部流场和耦合面噪声分布情况及噪声频率响应特性的研究，找到诱发系统振动噪声的原因，确定了两套减振降噪的结构优化方案，并通过 CFD 方法全面研究减振降噪后的液流系统耦合流场特性及减振降噪效果，为下一步研究液流系统振动噪声的抑制提供指导：

① 液流系统内流体受闸板扰流作用影响形成流体对冲和空穴，产生涡旋及压力损失，是造成系统振动和噪声的主要原因。研究采用了在结构突变部位及边缘位置设计合理的过渡圆角，将闸板最下部过流部位由圆弧改为平底结构，在闸阀出口处将等直径圆管换成鼓形变径扩缩管三种结构优化方案，以减少流体射流，降低闸阀前后压差及压力脉动，减弱阀后流体涡旋，实现减振降噪的目的。

② 减振优化后液流系统内流体流态明显平稳，湍流明显减弱，压力损失明显减小，系统振动明显降低，振幅明显降低；且闸阀开度越小优化效果越明显，平底闸板的优化效果优于加装鼓形变径扩缩管。

③ 降噪优化后的流体与固体耦合面噪声声压值均明显减小，尤其在频

率较低的高位区，最大降幅达到18%，耦合面声压分布也明显改善，高压区明显减少，可有效降低噪声总平均声压值，且平底闸板优化效果略优于加装鼓形变径扩缩管。

减振优化后闸板和阀体导向条接触的粘黏区明显减少，平均接触压力、平均摩擦应力和滑移量也明显降低，可有效改善闸板与阀体导向条磨损情况，且开度越小效果越明显，平底闸板优化效果优于加装鼓形变径扩缩管。

第6章
减振复合支承座的研究及其性能分析

闸阀及管路等部件通过支承座固定在密闭的舰船内（如图 1-1 所示），流体动力装置、节流控制装置及液流耦合振动一部分由内部流体及管壁传播，而更多会通过支承座传播，使舰船壳体产生振动并向外辐射噪声，从而极大地降低舰船的隐蔽性；舰船在炮弹发射过程中产生的冲击及反舰武器对舰船的更强冲击，也会通过支承座传递给管路系统，造成阀门失效、管路泄漏等严重事故；而且，铸钢及性能接近的金属材料虽然有较好的强度，但吸振性较差，不能有效地阻断系统振动向外传播。所以，在保证基本力学性能的前提下，研发新型高阻尼减振复合材料支承座，对抑制液流系统振动的产生和传播，提高舰船的稳定性和隐蔽性具有十分重要的意义。

6.1 支承座刚度对液流系统振动的影响

研究表明，增大充液管路支承座的刚度，可以有效减小内部流体压力脉动，抑制流致振动，同时相同频带内频谱曲线的峰值也减少。李艳华研究分析了不同刚度支承对 L 形充液管路流体激励振动噪声性能的影响，获得了不同支承刚度下 L 形充液管道的流体激励频谱响应曲线，图 6-1 和图 6-2 分

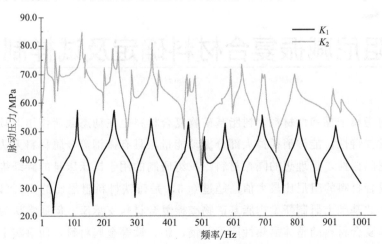

图 6-1 两种刚度支承下 L 形充液管道直角中心处压力频谱响应曲线

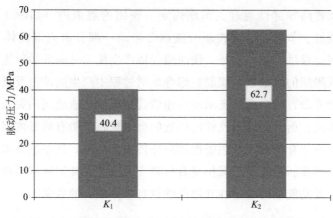

图 6-2　两种刚度支承下 L 形充液管道脉动压力平均值

别为两种刚度支承下 L 形充液管道直角中心处压力频谱响应曲线和脉动压力平均值。图中，K_1 和 K_2 分别为两个支承座的刚度，$K_1 = 2 \times 10^{10}\,\text{N/m}$，$K_2 = 2 \times 10^5\,\text{N/m}$，流速为 1m/s。

由图 6-1 和图 6-2 可以看出：支承座刚度越大，流体激励产生的脉动压力越小，K_2 的平均脉动压力较 K_1 增加约 50%，因流体的压力脉动是液流系统流致振动的根本原因，故提高支承座刚度便可有效抑制充液管路流致振动的产生。

6.2 高阻尼减振复合材料确定及试样制备

树脂属于黏弹性材料，树脂基矿物复合材料也在动态载荷作用下具有较好的黏弹特性，能够消耗掉大部分振动能量，具有铸钢等金属材料无法比拟的阻尼隔振性，是理想的隔振材料。王涛研制的用于机床床身的碳纤维树脂矿物复合材料的阻尼比最大值已超过 0.3，是铸铁材料阻尼比的 10 倍以上，故可在此基础上研制新型树脂基矿物减振复合材料支承座。但通常认为人造树脂基复合材料的整体耐热性能不及钢、铝、钛等金属材料，而事实上，树脂基复合材料在军事、航空航天等领域应用十分广泛，其中，聚酰亚胺树脂基复合材料具有优异的耐热性能,其长期耐热温度超过了铝合金(达到400℃以上),在高超声速飞行器及导弹主承力结构、航空发动机冷端部件、飞机高温区结构上已广泛应用。

6.2.1 高阻尼减振复合材料选择及配比

选用聚酰亚胺树脂和矿物骨料为主研制减振复合支承座,具体材料成分配比如图6-3所示。其中,混合骨料选用颗粒直径小于8mm的"济南青",并要求骨料中颗粒直径小于1mm和大于6mm的各占20%;聚酰亚胺树脂选用PI3004树脂,约占总质量的8%;选用直径0.16mm左右,长度12mm的钼纤维作为增强体,约占总质量的2%。

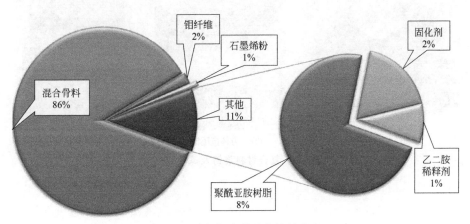

图6-3 减振复合支承座材料配比

6.2.2 高阻尼减振复合材料支承座试样制备

按实验要求需制作5kg减振复合支承座试样,制备步骤如下:
① 首先将混合骨料充分清洗后,用佰辉101-2B电热鼓风干燥箱烘干。
② 按比例量取聚酰亚胺树脂、稀释剂和固化剂,放入JB500-SH电动搅拌器中高速搅拌均匀,配成树脂混合溶液。
③ 在树脂混合溶液中加入称好的石墨烯粉,再高速搅拌3~5min。
④ 将搅拌均匀的溶液与称好的混合骨料都投入搅拌桶中,并低速搅拌25~30min至骨料、液体混合均匀。
⑤ 将搅拌后的混合物浇铸到事先准备好的3个模具中(提前在内壁刷

脱模剂），模具内部型腔空间尺寸为190mm×190mm×85mm。

⑥ 将浇铸好的模具固定在水泥混凝土振动台（HZJ-A）上，振动频率为2860次/min，振动时间不少于60min，将混合物振动密实，减少内部的孔隙，保证测试试样具有稳定力学性能。

⑦ 将振动密实后的混合物连同模具一起放入恒温箱中（30℃）养护24h，使之固化成型后脱模。

⑧ 将脱模后的试样再经过85℃恒温固化12h后，放置室内7d以上。

⑨ 将充分养护后的隔振复合材料切成6个50mm×50mm×50mm的正方体试样、6个180mm×50mm×50mm的矩形体试样。图6-4为复合材料浇铸及试样成品。

(a) 材料浇铸

(b) 正方体抗压试样

(c) 矩形体抗弯试样

图6-4 复合材料浇铸及试样成品

6.3 高阻尼复合材料力学性能测试方案及结果

6.3.1 强度测试原理

（1）试样抗弯强度测试原理

通常采用简支梁法测定材料的抗弯强度。先将矩形体试样对称放在两支承点上，然后在矩形体试样中心正上方施加集中竖直向下载荷，并不断匀速增大载荷直到矩形体抗弯试样断裂，图6-5为抗弯强度测试示意图。

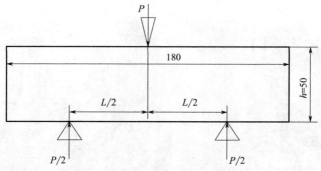

图 6-5 抗弯强度测试示意图

由材料力学可知试样抗弯强度计算公式为：

$$R_f = \frac{M}{W} = \frac{\frac{P}{2} \times \frac{L}{2}}{\frac{bh^2}{6}} = \frac{3PL}{2bh^2} \tag{6-1}$$

式中，R_f 表示抗弯强度，MPa；M 表示在破坏荷重 P 处产生的最大弯矩；W 表示截面矩量，$W = bh^2/6$；P 表示试样破坏时的载荷大小，kN；L 表示试样支承间距，m；b 表示试样宽度，m；h 表示试样高度，m。

将 $L=0.1\mathrm{m}$，$b=0.05\mathrm{m}$，$h=0.05\mathrm{m}$ 代入式(6-1) 得：

$$R_f = \frac{3PL}{2bh^2} = 2.34P \tag{6-2}$$

(2) 试样抗压强度测试原理

采用轴心受压法测定材料的抗压强度。首先将正方体抗压试样放在压力机上，然后在正方体抗压试样正上方施加集中竖直向下载荷，不断均匀增大载荷直到试样破坏。计算公式为：

$$R_c = \frac{P}{F} \tag{6-3}$$

式中，R_c 表示抗压强度，MPa；F 表示受压面积，m^2，$F = 0.05 \times 0.0625 \mathrm{m}^2$；$P$ 表示作用于试样的破坏荷重，kN。

6.3.2 试样典型测点载荷-应变测试方案

采用贴应变片法进行试样的力学性能测试。强度测试实验选用济南科盛的 SHT4605 型微机控制电液伺服万能实验机，对材料进行压缩强度和弯曲强度测试。图 6-6 为试样抗压和抗弯强度测试。

图 6-6　试样抗压和抗弯强度测试

实验前，先在正方体抗压试样上选取 6 个典型测点位置，并在每个测点位置上贴上电阻应变片（实验均选择 BX120-3AA 高精度电阻应变片），图 6-7 为正方体抗压测试应变片布置示意图，其中 1、2、3 三个测点在前侧面水平方向均布，4、5、6 三个测点在侧面竖直方向均布。

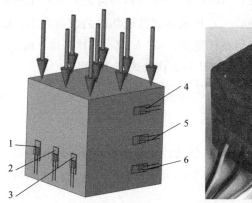

图 6-7　正方体抗压测试应变片布置示意图

在矩形体抗弯试样上选取 7 个典型测点位置，并贴上电阻应变片，图 6-8 为矩形体抗弯测试应变片布置示意图，其中测点 7 贴在左侧支点竖直方向的上表面；测点 8、9 贴在试样上表面且中心对称布置；测点 10、11、12 贴在试样前侧，且在竖直方向上均布；测点 13 贴在试样下表面正中间位置，用于测量试样的最大应变值。

抗压、抗弯实验参数：抗压强度测试，压力加载速度为 150N/s，压力每递增 7kN 保持 40s，记录数值；抗弯强度测试，压力加载速度为 15N/s，压力每递增 1kN 保持 40s，记录数值。

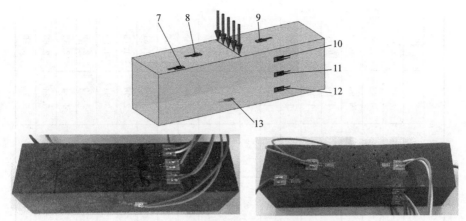

图 6-8　矩形体抗弯测试应变片布置示意图

6.3.3　载荷-应变测试结果分析

分别对抗压、抗弯强度测试 6 次，取有效应变值的平均值作为测试结果。表 6-1 为正方体抗压试样不同载荷下 6 个测点的应变值，图 6-9 为正方体抗压试样不同载荷下 6 个测点的载荷-应变曲线，表 6-2 为矩形体抗弯试样不同载荷下 7 个测点的应变值，图 6-10 为矩形体抗弯试样不同载荷下 7 个测点的载荷-应变曲线。

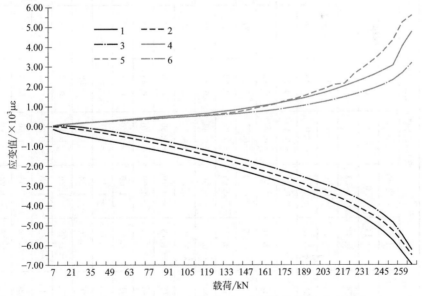

图 6-9　正方体抗压试样不同载荷下 6 个测点的载荷-应变曲线

表 6-1 正方体抗压试样不同载荷下 6 个测点的应变值

载荷/kN	典型测点微应变/×10³ με						载荷/kN	典型测点微应变/×10³ με					
	1	2	3	4	5	6		1	2	3	4	5	6
7	−0.14	0.01	0.04	0.04	0.04	0.04	140	−2.18	−1.87	−1.60	0.85	0.73	0.65
14	−0.31	−0.03	0.05	0.10	0.12	0.12	147	−2.31	−2.01	−1.73	0.92	0.82	0.69
21	−0.40	−0.09	0.01	0.14	0.15	0.16	154	−2.46	−2.16	−1.87	1.00	0.93	0.74
28	−0.49	−0.16	−0.04	0.18	0.18	0.19	161	−2.60	−2.30	−2.00	1.07	1.03	0.78
35	−0.57	−0.24	−0.10	0.22	0.22	0.23	168	−2.75	−2.46	−2.14	1.15	1.14	0.84
42	−0.67	−0.32	−0.17	0.25	0.24	0.26	175	−2.93	−2.62	−2.30	1.25	1.30	0.91
49	−0.76	−0.40	−0.25	0.29	0.27	0.28	182	−3.09	−2.78	−2.44	1.34	1.39	0.98
56	−0.85	−0.49	−0.33	0.33	0.29	0.31	189	−3.27	−2.95	−2.60	1.45	1.55	1.06
63	−0.94	−0.59	−0.41	0.37	0.32	0.34	196	−3.46	−3.21	−2.77	1.57	1.73	1.15
70	−1.03	−0.69	−0.50	0.41	0.35	0.37	203	−3.65	−3.31	−2.94	1.70	1.89	1.24
77	−1.13	−0.79	−0.60	0.45	0.37	0.39	210	−3.90	−3.51	−3.12	1.85	2.10	1.35
84	−1.24	−0.90	−0.70	0.48	0.40	0.42	217	−4.10	−3.73	−3.33	2.02	2.15	1.47
91	−1.34	−1.00	−0.80	0.52	0.43	0.44	224	−4.36	−3.98	−3.57	2.20	2.64	1.61
98	−1.45	−1.12	−0.91	0.55	0.47	0.47	231	−4.63	−4.24	−3.82	2.38	2.96	1.75
105	−1.56	−1.24	−1.01	0.58	0.50	0.50	238	−4.95	−4.51	−4.12	2.58	3.34	1.90
112	−1.68	−1.36	−1.12	0.62	0.54	0.53	245	−5.32	−4.85	−4.47	2.82	3.79	2.09
119	−1.79	−1.48	−1.24	0.66	0.57	0.55	252	−5.77	−5.27	−4.86	3.05	4.34	2.32
126	−1.92	−1.61	−1.36	0.73	0.62	0.58	259	−6.37	−5.87	−5.50	4.04	5.24	2.68
133	−2.05	−1.74	−1.48	0.78	0.67	0.61	266	−6.98	−6.51	−6.25	4.77	5.59	3.19

由表 6-1 和图 6-9 可以看出：

① 1、2、3 三个测点应变值为负值，并随着载荷增大数值不断增大，表示此处主要受压应力作用产生纵向压缩变形，最大应变值约为 -6.98×10^3，且同载荷下，三个位置的应变值相近。

② 4、5、6 三个测点应变值为正值，并随着压力载荷增大数值不断增大，表示此处主要受应力作用产生横向拉伸变形，最大应变值约为 5.59×10^3；当压力载荷较小时，4、5、6 三个测点应变值较接近；而压力载荷较大时，正方体抗压试样呈现出明显的"鼓形"变形；5 点位置处在正方体抗压试样侧面中间，其应变值最大，4、6 点依次减小，其中 6 点位置处应变值最小。

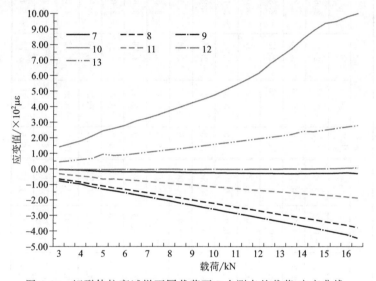

图 6-10 矩形体抗弯试样不同载荷下 7 个测点的载荷-应变曲线

由表 6-2 和图 6-10 可以看出：

① 点 7 位置因在支点的竖直方向上，故此处所测应变值均未超过 31，变形可忽略。

② 点 8、9 两个位置应变值为负值，并随着外加载荷增大数值不断增大，表示此处主要受压应力作用产生横向压缩变形，最大应变值约为 -4.46×10^2，且在同载荷下，两测点应变值近似。

③ 点 10、11、12 位置在侧面且在竖直方向均布，上测点 10 为正，表明上侧 10 测点主要受压应力作用产生横向压缩变形，下测点 11、12 为负表明此处主要受压应力作用产生横向拉伸变形，越靠近底部支承应变越小，故此处应变值接近 0。

表 6-2 矩形体抗弯试样不同载荷下 7 个测点的应变值

载荷/kN	典型测点微应变/×10² με							载荷/kN	典型测点微应变/×10² με						
	7	8	9	10	11	12	13		7	8	9	10	11	12	13
3.0	−0.04	−0.65	−0.77	1.41	−0.32	−0.02	0.45	10.0	−0.25	−2.22	−2.60	4.75	−1.16	−0.02	1.57
3.5	−0.06	−0.75	−0.87	1.61	−0.39	−0.04	0.52	10.5	−0.26	−2.35	−2.74	5.08	−1.20	−0.02	1.66
4.0	−0.08	−0.85	−0.97	1.80	−0.46	−0.06	0.59	11.0	−0.28	−2.48	−2.87	5.41	−1.27	−0.02	1.75
4.5	−0.13	−0.98	−1.16	2.10	−0.52	−0.06	0.66	11.5	−0.29	−2.57	−3.00	5.76	−1.32	−0.02	1.84
5.0	−0.17	−1.09	−1.31	2.44	−0.66	−0.04	0.94	12.0	−0.30	−2.70	−3.14	6.16	−1.39	−0.01	1.94
5.5	−0.18	−1.22	−1.42	2.61	−0.65	−0.04	0.86	12.5	−0.30	−2.82	−3.27	6.75	−1.43	−0.01	2.02
6.0	−0.19	−1.31	−1.54	2.79	−0.69	−0.03	0.90	13.0	−0.31	−2.94	−3.40	7.25	−1.49	−0.01	2.11
6.5	−0.19	−1.43	−1.67	3.07	−0.75	−0.04	0.98	13.5	−0.32	−3.05	−3.53	7.74	−1.55	0.00	2.21
7.0	−0.20	−1.54	−1.80	3.27	−0.80	−0.04	1.07	14.0	−0.31	−3.16	−3.67	8.37	−1.60	0.00	2.41
7.5	−0.21	−1.65	−1.94	3.50	−0.87	−0.03	1.14	14.5	−0.30	−3.27	−3.81	8.91	−1.65	0.00	2.39
8.0	−0.21	−1.77	−2.06	3.75	−0.92	−0.02	1.23	15.0	−0.30	−3.40	−3.95	9.36	−1.71	0.01	2.50
8.5	−0.23	−1.88	−2.21	3.99	−0.98	−0.03	1.30	15.5	−0.29	−3.52	−4.09	9.49	−1.75	0.02	2.60
9.0	−0.24	−2.00	−2.33	4.25	−1.03	−0.03	1.39	16.0	−0.25	−3.63	−4.24	9.78	−1.82	0.04	2.70
9.5	−0.25	−2.12	−2.48	4.49	−1.09	−0.03	1.47	16.5	−0.31	−3.78	−4.46	10.00	−1.88	0.06	2.79

④ 点13位于试样下表面中间位置，即压力正下方，此处应变值均为正值且最大，表示此处主要受压应力作用产生横向拉伸变形，最大应变值约为 1×10^3。

综上所述可以看出：试样各测点应变值随载荷线性变化，证明该聚酰亚胺树脂基减振复合支承座材料属于均质材料，可通过有限元仿真进一步分析研究其力学特性。

6.3.4 载荷-应变有限元分析

采用 ANSYS 对实验试样进行有限元仿真分析，选用 Solid186 单元（三维20节点高阶六面体结构），通过对前期实验获取的减振复合材料的应力-应变数据进行拟合处理，获得减振复合材料特性，如弹性模量（44.3GPa）、泊松比（0.31）等。

（1）抗压应变有限元分析

首先，在 ANSYS 中对正方体抗压模型底面施加固定约束；然后，在正方体模型上表面施加竖直向下的均布压力载荷，压力载荷分别为 40kN、80kN、120kN、160kN、200kN。对模型求解后，得到如图 6-11(a) 所示的正方体模型抗压应力分布云图。

（2）抗弯应变有限元分析

在矩形体抗弯模型下底面居中且间距 110mm 处对称施加固定约束，对矩形模型上表面中心线处施加压力载荷（如图 6-5 所示），压力载荷分别为 3kN、6kN、9kN、12kN、15kN。对模型求解后，得到如图 6-11(b) 所示的试样抗弯应力分布云图。

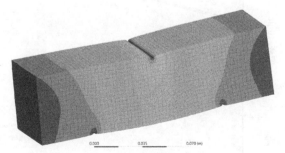

(a) 压缩载荷120kN (b) 弯曲载荷8kN

图 6-11 抗压、抗弯模型应力分布云图

(3) 仿真与实验结果对比

通过对有限元结果数据整理可得到正方体抗压试样和矩形体抗弯试样的应变载荷响应曲线。图 6-12 为压缩载荷下抗压试样典型测点应变值的有限元计算和实验测试数据对比曲线。图 6-13 为弯曲载荷下抗弯试样典型测点应变值的有限元计算和实验测试数据对比曲线。

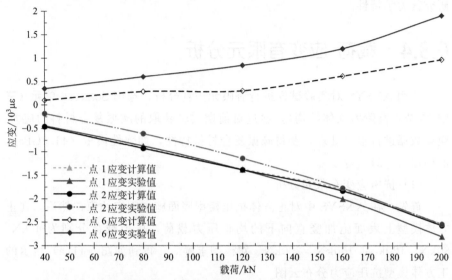

图 6-12 压缩载荷下抗压试样典型测点应变计算值与实验值对比曲线

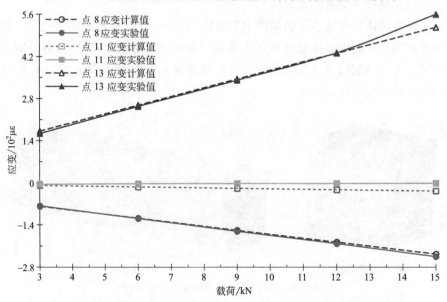

图 6-13 弯曲载荷下抗弯试样典型测点应变计算值与实验值对比曲线

对图 6-12 和图 6-13 对比曲线分析可知：各个测点在不同载荷作用下应变的仿真数据和实验数据分布规律一致；在点 1、2、6 位置处两者平均载荷应变值偏差分别为 4.4%、5.8%、8.2%；在点 8、11、13 位置处两者平均载荷应变值偏差分别为 1.0%、1.3%、7.9%。可以看出，不同位置典型测点的计算与实验获得的应变值基本相等，证明了该有限元分析方法的正确性。

6.4 减振复合支承座静力学性能分析

舰船上闸阀弯管液流系统基本采用铸钢分体式支承座，为方便后期有限元仿真分析，对其倒角、螺栓孔等进行简化，并将分体式支承座简化成整体式结构，安装位置如图 1-1 所示，第一个支承座布置在闸阀进口处，第二个支承座布置在闸阀出口处。

6.4.1 支承座建模及仿真参数设置

根据树脂矿物质复合材料的铸造要求和管路支承座的结构特点，支承座采用半实心式结构，增大了主支承板及肋板厚度，但减振复合支承座安装尺寸和结构尺寸与原铸钢支承座保持不变，两种材料支承座均通过三维软件 Solidworks 建模并转换成 *.x_t 格式后，再导入 ANSYS 仿真模块，图 6-14(a) 和 (b) 分别为简化前和简化后铸钢支承座结构示意图。

支承座分别由铸钢（ZG12MnMoV）和聚酰亚胺树脂矿物质减振复合材料制成，在有限元分析中，材料属性设置参数见表 6-3。

表 6-3 灰铸钢和树脂矿物质复合材料属性设置参数

支承座材料	密度/kg·m^{-3}	弹性模量/GPa	泊松比
ZG12MnMoV	7800	175	0.27
聚酰亚胺树脂矿物质复合材料	2620	43.7	0.29

采用四面体网格划分，并对支承座与管道配合处网格加密，采用 Solid187 单元，该单元具有二次位移模式，能够较好地模拟不规则的支承座模型。网

格划分后的铸钢材料、减振复合支承座节点总数分别为 788474、993359，单元总数分别为 533016、682325。图 6-14 为支承座结构简化示意图及其网格划分。对支承座底部安装凸台施加完全固定约束，并将对支承座进行受力分析得到的载荷施加到支承座与管道结合部位。

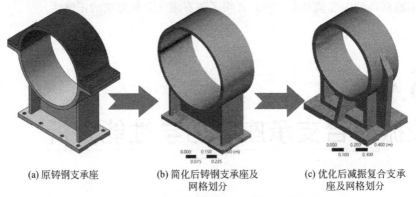

(a) 原铸钢支承座　　(b) 简化后铸钢支承座及网格划分　　(c) 优化后减振复合支承座及网格划分

图 6-14　支承座结构简化示意图及其网格划分

6.4.2　减振复合支承座的静力学性能

通过求解铸钢和减振复合支承座有限元模型，得到两种材料支承座各方向上的应变及等效应力分布云图。根据支承座的工作特性，重点分析支承座 Y 方向（竖直方向）的应变和总应变。表 6-4 为两种材料支承座在 Y 方向的变形分布云图及总变形分布云图，表 6-5 为两种材料支承座最大变形量及降幅，图 6-15 为铸钢支承座和减振复合支承座的等效应力分布云图。

表 6-4　Y 方向变形分布云图及总变形分布云图

参数	铸钢支承座	减振复合支承座
Y 方向应变		

续表

参数	铸钢支承座	减振复合支承座
总应变		

表 6-5 两种材料支承座最大变形量及降幅

参数	铸钢支承座/μm	减振复合支承座/μm	降幅/%
Y 方向变形	36.5	31.1	15
总变形	36.6	31.2	15

由表 6-4 和表 6-5 可以看出：铸钢支承座与减振复合支承座总变形和 Y 方向的变形比较相似，支承座底座部分变形最小，变形方向为 Y 轴方向（竖直向上）；而因减振复合支承座增加了结构尺寸及合理地设置了加强肋，有效地弥补了弹性模量的不足，故两者在管路包裹部分变形差异较大，减振复合支承座变形量明显小于铸钢支承座，相对于铸钢支承座最大变形量下降了 15%。

(a) 铸钢支承座　　　　　　　(b) 减振复合支承座

图 6-15 等效应力分布云图

由图 6-15 可以看出：两种材料支承座各部位的等效应力分布比较相似，最大应变均发生在两种材料的支承座底座安装凸台位置，但减振复合支承座最大等效应力明显小于铸钢支承座，两者等效应力分别为 60MPa 和 26MPa，减振复合支承座的等效应力仅为铸钢的 43%。

由以上综合分析可以看出：减振复合支承座抵抗变形的能力明显优于原铸钢支承座，变形较大区域较少、分布合理，并且两种材料支承座的等效应力极值均小于各自材料的强度极限，所以，复合材料支承座较铸钢支承座具有更好的静态力学性能。此外，复合材料支承座质量由铸钢的 217.2kg 减少到 189.8kg，质量减少了 12.6%，这既满足轻量化设计思想，节省了大量金属材料，又有效降低了整个舰船的质量，更好地满足舰船使用要求。

6.5 减振复合支承座模态及减振特性

在新型减振复合支承座的研发中，除了要求支承座具有隔振性能，保证基本的力学性能外，还要求调整支承座的模态，尽可能地避开闸阀弯管液流系统的低频模态，以避免共振发生。此外，支承座的刚度适当地增大，可以有效减小内部流体压力脉动，降低振动，同时相同频带内频谱曲线的峰值也会越少，最大限度地减少液流系统振动噪声的产生及传播，达到整个舰船系统减振降噪的目的。

通过模态分析可以获得减振复合支承座的固有频率、共振时支承座的振型及最大应变位置等信息，可很好地掌握支承座对液流系统内流体流速、压力等不同工况载荷变化的响应情况，以便调整液流系统模态、优化支承座结构。

6.5.1 支承座模态分析理论基础

对于这种多自由度线性定常复合支承座系统，需体现支承座在各节点上的阻尼力、惯性力、外力和弹力的平衡关系，其动力学方程表示为：

$$M\ddot{u}(t)+C\dot{u}(t)+Ku(t)=F(t) \tag{6-4}$$

式中，M、C、K 分别表示减振复合支承座的整体质量、阻尼和刚度矩阵；$u(t)$、$\dot{u}(t)$、$\ddot{u}(t)$ 分别为减振复合支承座各节点的位移、速度和加速度向量；$F(t)$ 表示减振复合支承座各节点的激励向量。

减振复合支承座在无阻尼自由振动工况下，忽略外力矢量，即 $F(t)=0$，求解式(6-4)得到减振复合支承座的自由振动特性，其表达式为：

$$M\ddot{u}(t)+Ku(t)=0 \tag{6-5}$$

式(6-5)为减振复合支承座无阻尼自由振动方程，其解的表达式为：

$$u(t)=\bar{u}(t)\sin(\omega t+\varphi) \tag{6-6}$$

式中，ω 表示减振复合支承座固有频率；φ 表示支承座振动初始相位角。

将式(6-6)代入式(6-5)可得到减振复合支承座振动特征方程：

$$(K-\omega^2 M)\bar{u}(t)=0 \tag{6-7}$$

方程若得到非零解，必须设定一行列式为零，即：

$$|K-\omega^2 M|=0 \tag{6-8}$$

式(6-8)为减振复合支承座自由振动频率方程。若减振复合支承座有 m 个自由度，则其整体质量矩阵和整体刚度矩阵均为 m 阶方阵。求解式(6-8)可得到减振复合支承座的 m 阶固有频率 ω_1、ω_2、$\cdots$、ω_m，并代入式(6-7)，可得到减振复合支承座各阶模态振型。可以看出，减振复合支承座模态仅与支承座的整体质量矩阵和整体刚度矩阵相关，与支承座外加激励无关。

6.5.2 减振复合支承座模态分析

在 6.4 节支承座静力学分析的基础上，将数据直接导入 Model 模块，采用计算速度和精度综合效果较好的 Block Lanczos 法，分别对两种材料的支承座进行模态特性分析。闸阀弯管液流系统以低频振动为主，且与支承座的低阶频率耦合性更好，更容易引起系统共振响应，因此结合第 4 章液流系统耦合模态分析结果，最终选取对液流系统性能影响较大的前 8 阶固有频率和振型，并对其动态性能进行分析对比。表 6-6 为两种材料支承座前 8 阶模态振型图。

表 6-6 两种材料支承座前 8 阶模态振型图

阶数	铸钢	复合材料	阶数	铸钢	复合材料
1 阶			3 阶		
2 阶			4 阶		

续表

阶数	铸钢	复合材料
7 阶		
8 阶		
5 阶		
6 阶		

由表 6-6 中两种材料前 8 阶固有频率和相应的振型可以看出,两种材料支承座前 6 阶振型分布较相似,但从第 7 阶开始,两种材料支承座的振型分布相差较大,具体分析结果如下。

① 由一阶模态振型图可知:铸钢和复合材料支承座的一阶振型相似,支承座底座及支承部分变形量最小,最大变形发生在管路包裹部分上部,且自上而下逐步减小,复合材料支承座固有频率由铸钢的 82.2Hz 提高到 145.2Hz,固有频率提高了 77%。

② 由二阶模态振型图可知:铸钢和复合材料支承座的二阶振型大致相似,支承座底座及支承部分变形量最小,最大变形发生在管路包裹部分上部,且自上而下逐步减小,其中铸钢的渐变延伸到支承部分中部,而复合材料支承座只渐变到包裹部分中部,复合材料支承座固有频率由铸钢的 92.7Hz 提高到 178.8Hz,固有频率提高了 93%。

③ 由三阶模态振型图可知:铸钢和复合材料支承座的三阶振型相似,支承座底座部分变形量最小,最大变形发生在管路包裹部分两侧,且分别向上侧、下侧逐步减小,复合材料支承座固有频率由铸钢的 172.9Hz 提高到 254Hz,固有频率提高了 47%。

④ 由四阶模态振型图可知:铸钢和复合材料支承座的四阶振型相似,且与一阶振型也相似,支承座底座及支承部分变形量最小,最大变形发生在管路包裹部分上部,且自上而下逐步减小,复合材料支承座固有频率由铸钢的 208.4Hz 提高到 342.4Hz,固有频率提高了 64%。

⑤ 由五阶模态振型图可知:铸钢和复合材料支承座的五阶振型相似,支承座底座部分变形量最小,最大变形发生在管路包裹部分两侧边缘上,且分布不连续,复合材料支承座固有频率由铸钢的 317Hz 提高到 424.3Hz,提高了 34%。

⑥ 由六阶模态振型图可知:铸钢和复合材料支承座的六阶振型相似,支承座底座部分变形量最小,在管路包裹部分应变沿圆弧面呈高低交错循环变化,复合材料支承座固有频率由铸钢的 395.7Hz 提高到 521.7Hz,固有频率提高了 32%。

⑦ 由七阶模态振型图可知:铸钢和复合材料支承座的 7 阶振型除均在底座部分变形量最小外其余部分振型完全不同,其中铸钢支承座最大应变出现在管路包裹部分下端两侧,且分别向上、向下逐步减小;复合材料支承座振型与 5 阶的相似,其最大变形发生在管路包裹部分两侧边缘上,分布不连续,并出现绕 X 轴的畸变趋势,复合材料支承座固有频率由铸钢的

433.8Hz 提高到 651.8Hz，固有频率提高了 50%。

⑧ 由八阶模态振型图可知：铸钢和复合材料支承座的八阶振型除均在底座部分变形量最小外其余部分振型完全不同，其中铸钢支承座振型与七阶复合材料支承座振型极为相似，其最大变形发生在管路包裹部分两侧边缘上，分布不连续，并出现绕 X 轴的畸变趋势；复合材料支承座在管路包裹部分应变沿圆弧面呈高低交错变化，最大应变出现在管路包裹部分两侧肩部，并在 XY 面内出现梯形畸变趋势，复合材料支承座固有频率由铸钢的 568.3Hz 提高到 840.3Hz，固有频率提高了 48%。

6.5.3 减振复合支承座对液流系统振动的影响

由文献可知：增大管路支承座的刚度，可以有效减小管内流体压力脉动，降低振动及振幅，同时相同频带内频谱曲线的峰值也越少。由文献可知固有频率与支承刚度成正比关系，图 6-16 为两种材料支承座前 8 阶模态固有频率对比。

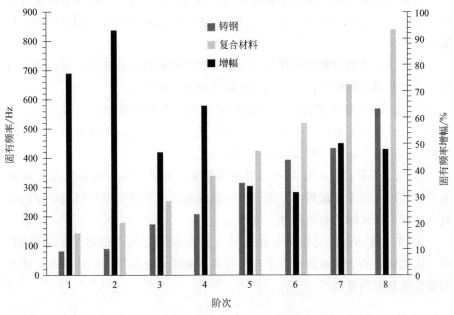

图 6-16　两种材料支承座前 8 阶模态固有频率对比

由图 6-16 可以看出：减振复合支承座前 8 阶固有频率均高于铸钢支承座，频率平均增幅为 55.6%，并在第 7、8 阶上避开了液流系统低频区

(500 Hz 以下)，有效地减少了蒸汽流体对支承座固有频率激励的可能性，避免共振现象发生；减振复合支承座的动刚度明显增大，液流系统内流体压力脉动、管路振动幅值、总振级和总声压级都会随支承座刚度的增大而减小，所以减振复合支承座可直接抑制液流系统振动的产生，达到系统减振目的。

6.6 减振复合支承座二次拓扑优化

采用新型复合材料后，支承座质量减少了 27.4%，其刚度、强度、各阶固有频率均不同幅度增大，但仍存在一定的冗余量，支承座仍然有较大的优化空间。本章拟采用基于多目标的结构拓扑优化法对支承座进行二次优化，通过对液流系统支承座主要特征尺寸进行优化，最终在保证减振复合支承座动态稳定性的前提下，进一步降低减振复合支承座重量，提高刚度，提升减振性能。

对闸阀弯管液流系统减振复合支承座的二次拓扑优化要满足多项性能指标，主要包括静刚度指标、轻量化指标及动态性能指标。

① 支承座静刚度指标是评价减振复合支承座力学性能的重要指标，指支承座在实际工况中应具有较高的抗变形能力，即优化后的支承座应具有最优的结构以减小应力变形及液流系统振动。

② 支承座轻量化指标是评价舰船用设备的重要指标，指在满足支承座力学性能的前提下质量最小，即刚度质量比最高，并降低原材料和能源的消耗，体现了现代绿色制造理念。

③ 支承座动态性能指标是指减振复合支承座应具有很好的动态性能，即二次优化后的支承座固有频率应尽量避开液流系统的固有振动频率，减小两者发生共振的可能性。

6.6.1 基于多目标的减振复合支承座二次拓扑优化建模

减振复合支承座二次拓扑优化属于连续体结构拓扑优化，本质上就是对支承座中材料分布进行二次优化。现阶段，主要采用变厚度法、变密度法及均匀化理论法来解决这类连续体结构拓扑优化问题。本章采用变密度法，即将连续的设计变量引入到加入中间密度惩罚项的 0-1 离散结构优化解决方案中，将较难求解的离散结构设计问题转变为易解的连续结构设计问题，使之在减振复合支承座结构优化中更易求解。

(1) 减振复合支承座变密度法数学模型

减振复合支承座变密度拓扑优化法数学模型如下：

$$\begin{cases} 求 \ \eta = (\eta_1, \eta_2, \cdots, \eta_n)^T \\ \min \text{Compliance} = \sum_{i=1}^{n} X_i \int_\Omega f_i u_i d\Omega + \sum_{i=1}^{3} X_i \int_\Gamma t_i u_i d\Gamma \\ \text{s. t.} \quad \text{Weight} = \sum v_i \eta_i \leqslant M_0 - M'[M_0(1-\Delta)] \\ \quad \varepsilon \leqslant \eta_i \leqslant 1 (i=1,2,\cdots) \\ \quad \eta_i = 1 (i = Q_1, Q_2, \cdots, Q_K) \\ \text{and} \quad 结构平衡方程 \end{cases} \quad (6\text{-}9)$$

式中，n 表示单元个数；η_i 表示单元密度；v_i 表示单元体积；u_i 表示单元节点位移；X_i 表示节点上的解向量；f_i 和 t_i 分别表示作用在减振复合支承座上的体积力和面积力；M_0 表示减振复合支承座材料质量的上限；M'、Δ 分别表示支承座优化去除材料的质量和比例；ε 表示密度下限；Q_1、Q_2、Q_K 表示优化时密度不变的单元号。

结合现有有限元法基本理论，可推导出减振复合支承座迭代算式：

$$\eta_i^{(s+1)} = \frac{\left(M_0 - M' + \sum_{j=1}^{m} v_i \varepsilon\right)(\phi_i^{(s)})^{\frac{1}{\xi}}}{(v_i)^{\frac{1}{\xi}} \sum_{j=1}^{n} \left[v_i \left(\frac{\phi_i}{v_j}\right)^{\frac{1}{\xi}}\right]} \quad (\varepsilon < \eta_i < 1)$$

$$\eta_i^{(s+1)} = 1 \quad (1 \leqslant \eta_i)$$

$$\eta_i^{(s+1)} = \varepsilon \quad (\eta_i \leqslant \varepsilon)$$

(6-10)

式中，m 表示 $\eta < 1$ 的单元个数；ξ 表示阻尼比；ϕ_i 表示第 i 个单元的应变能。

(2) 多目标优化模型

首先确定减振复合支承座具体优化目标为：质量尽可能小的同时刚度尽可能大，且一阶固有频率必须增大。

减振复合支承座多目标优化数学模型为：

$$\begin{cases} \min_{x} \ [D^c(X,U), M^c(X,U)] \\ \text{s.t.} \ \ f_t^c(X,U) \geqslant f^c \\ X_i^t = [X_i^L, X_i^R], i=1,2,3,\cdots,p \\ U_j^t = [U_j^L, U_j^R], j=1,2,3,\cdots q \end{cases} \quad (6-11)$$

式中，X_i 表示节点上的解向量；U_j 表示节点上的速度向量；f 表示频率。

位移区 $D^L(X,U)$、$D^R(X,U)$、$M^L(X,U)$ 和 $M^R(X,U)$ 间均值 $D^c(X,U)$ 和减振复合支承座重量均值 $M^c(X,U)$ 可由式(6-12)和式(6-13)求得，$D^L(X,U)$、$D^R(X,U)$、$M^L(X,U)$ 和 $M^R(X,U)$ 表示不确定性因素影响下优化目标的上下界。

$$D^c(X,U) = \frac{1}{2}[D^L(X,U) + D^R(X,U)] \quad (6-12)$$

$$M^c(X,U) = \frac{1}{2}[M^L(X,U) + M^R(X,U)] \quad (6-13)$$

因静刚度稳健性会对减振复合支承座性能产生影响，故减振复合支承座多目标二次优化问题最终转化为：

$$\begin{cases} \min_{x}[D^d(X,U), M^c(X,U)] \\ \text{s.t.} \ \ f_t^c(X,U) \geqslant f^c \\ X_i^t = [X_i^L, X_i^R], i=1,2,3,\cdots,p \\ U_j^t = [U_j^L, U_j^R], j=1,2,3,\cdots q \end{cases} \quad (6-14)$$

式中，$D^d(X,U)$ 表示位移均值和位移区间半径的加权函数，可表示为：

$$D^d(X,U) = \frac{\alpha D^d(X,U)}{D_\theta^d} + \frac{(1-\alpha) D^W(X,U)}{D_\varphi^W} \quad (6-15)$$

6.6.2 减振复合支承座二次拓扑优化流程

采用 ANSYS Workbench 有限元软件求解减振复合支承座拓扑优化问题，图 6-17 所示为减振复合支承座拓扑优化流程图。

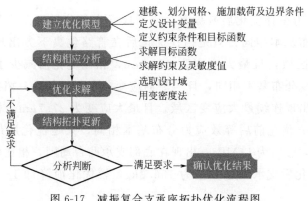

图 6-17 减振复合支承座拓扑优化流程图

6.6.3 拓扑优化结果及减振性能对比

在 ANSYS 中继续将整个复合材料支承座实体设置为拓扑优化对象，保留边界条件施加面，设定其作为非优化区域，其余区域为可优化区域，以最小柔度为目标函数，以质量不超过原有结构质量的 70% 为约束条件，以单元密度为设计变量，图 6-18 为减振复合支承座拓扑优化后材料分布图。

提取图 6-18 中减振复合支承座拓扑优化后材料分布图的几何特征，可将原支承座结构中管路包裹部分上部圆环设计成变宽度形状，减少支承座底座响应厚度，在中间肋板与包裹部分之间增加直角倒角。然后对二次优化后的支承座进行有限元静力分析与模态分析，边界条件与网格划分均与上述条件相同，图 6-19 为支承座拓扑优化后结构网格，网格划分后得出 778664 个单元、523302 个节点。

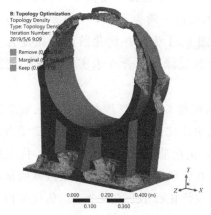

图 6-18 支承座拓扑优化后材料分布图

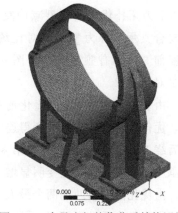

图 6-19 支承座拓扑优化后结构网格

图 6-20 为拓扑优化后减振复合支承座静力学分析云图,其优化前后 Y 向应变分布基本相同,只是拓扑优化后在管路包裹下方出现大范围连续最小应变区域,且最大应变为 $27.4\mu m$,相比优化前减少了 12%;优化前后总应变分布基本相同,且与 Y 向应变分布正好相反,拓扑优化后管路包裹下方出现连续最大应变区域,且最大应变为 $27.7\mu m$,相比优化前减少了 11%;优化前后等效应力分布基本相同,只是优化后最小应力区域更大,最大应力为 14MPa,出现在底部支承凸台周围,相比优化前减少了 46%;优化后支承座总质量为 156.2kg,较优化前降低 18%,轻量化效果显著。

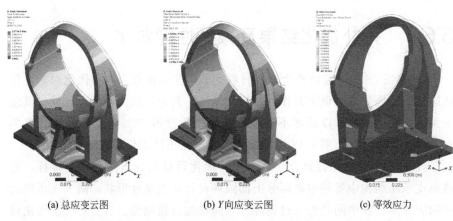

(a) 总应变云图　　　　(b) Y 向应变云图　　　　(c) 等效应力

图 6-20　拓扑优化后减振复合支承座静力学分析云图

按优化前相同的设置,对拓扑优化后支承座进行模态分析,并与优化前的结果进行分析对比,同样取新型减振复合支承座前 8 阶模态振型,表 6-7 为拓扑优化后新型减振复合支承座前 8 阶振型图,表 6-8 为新型减振复合支承座静力学性能对比统计,图 6-21 为拓扑优化前后减振复合支承座前 8 阶固有频率对比,图 6-22 为新型减振复合支承座静力学性能及质量对比。

由表 6-7 可以看出:优化前后支承座前 6 阶振型基本一致;在第 7 阶时,优化后最高位移区域变得连续,且由优化前绕 X 轴 Z 向的畸变变为优化后绕 X 轴 Z 向的畸变;在第 8 阶时,优化前后的振型明显不同,优化后支承座中间支承部位应变明显增大,但在管路包裹部位最大应变区域明显减少,由优化前左右两侧两个最大区域变成优化后正上方一个,由优化前梯形畸变变为优化后鼓形畸变。

表 6-7 拓扑优化后新型减振复合支承座前 8 阶振型图

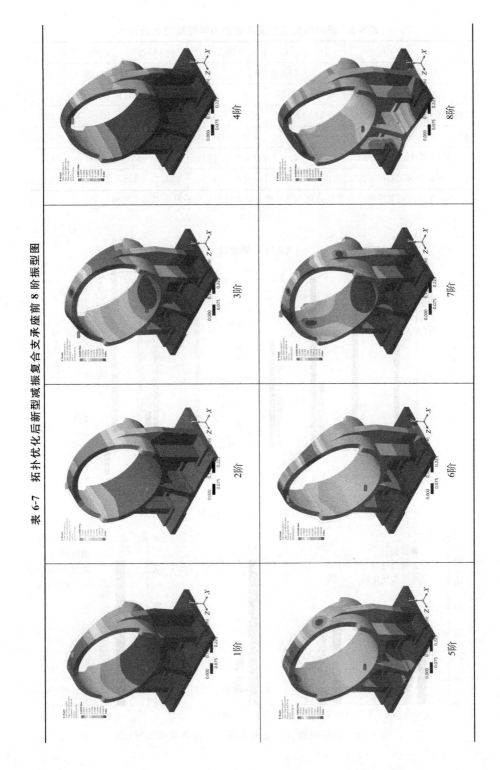

表 6-8　新型减振复合支承座静力学性能对比统计

项目	A	B	C	B-A		C-A		C-B	
质量/kg	217.2	189.8	156.2	−27.4	−13%	−61.0	−28%	−33.6	−18%
总应变/$\times 10^{-5}$ m	3.66	3.12	2.77	−0.5	−15%	−0.9	−24%	−0.4	−11%
Y 向应变/$\times 10^{-5}$ m	3.65	3.11	2.74	−0.5	−15%	−0.9	−25%	−0.4	−12%
等效应力/$\times 10^{7}$ Pa	6.05	2.59	1.4	−3.5	−57%	−4.7	−77%	−1.2	−46%
一阶频率/Hz	82.2	145.2	194.7	63.0	77%	112.4	137%	49.4	34%
前 6 阶平均频率/Hz	211.5	311.1	345.2	99.6	47%	133.7	63%	34.1	11%

注：A 为铸钢支承座，B 为复合材料支承座，C 为拓扑优化后减振复合支承座。

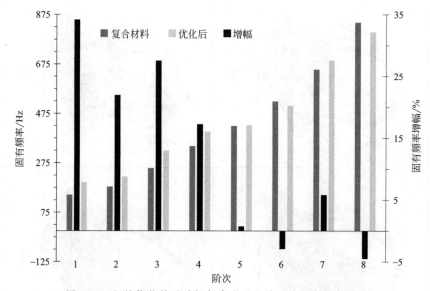

图 6-21　拓扑优化前后减振复合支承座前 8 阶固有频率对比

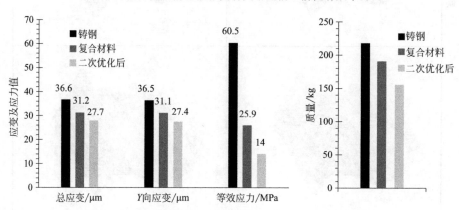

图 6-22　新型减振复合支承座静力学性能及质量对比

由表6-8、图6-21和图6-22可以得出，减振复合支承座经材料优化和二次拓扑优化后各项性能指标提升十分明显：

① 经两次优化后，质量由铸钢支承座的217.2kg减到156.2kg，减少了61kg，降幅为28%，按常规配置同类型支承座80个估算，可为舰船整体减重4880kg，故支承座轻量化效果十分明显。

② 支承座Y向应变和总应变极值分别由最初的36.5μm和36.6μm降到27.4μm和27.7μm，降幅分别达到25%和24%，故减振复合支承座静力学性能明显增强；等效应力极值由最初的60.5MPa降到14MPa，降幅达到77%，故减振复合支承座应力集中现象得到明显改善，其中材料优化贡献率略大。

③ 前6阶平均固有频率由铸钢的211.5Hz提高到345Hz，平均提高63%，尤其是一阶固有频率由82.2Hz提高到194.7Hz，增加了137%，且更大限度地减少蒸汽流体对支承座固有频率的激励，避免发生共振现象；拓扑优化后减振复合支承座的动刚度更大，液流系统内流体压力脉动、管路振动幅值、总振级和总声压级都会随着支承座刚度的增大而更小，所以拓扑优化后的减振复合支承座减振降噪效果更明显。

本章将现有铸钢材料替换为聚酰亚胺树脂基矿物质复合材料，在实验测试的基础上，运用ANSYS有限元软件对减振复合支承座和原有铸钢支承座进行静、动态性能和减振性分析比较，并在保证支承座足够的结构性能的前提下对减振复合支承座进一步二次拓扑优化，得到如下结论：

① 新型减振复合支承座抗变形能力明显提高，在同等工况下，其变形量约为原铸钢支承座的75.7%，等效应力约为23.2%。

② 在保证强度不降低的前提下，新型减振复合支承座质量明显小于原铸钢支承座，其质量仅为原铸钢支承座的72%，轻量化效果十分明显。

③ 减振复合支承座固有频率和刚性明显高于原铸钢支承座，可有效减少蒸汽流体对支承座固有频率的激励，避免发生共振现象；并减小液流系统内流体压力脉动，有效降低液流系统流致振动及噪声。

综上所述，采用新型复合材料和二次拓扑优化后的减振复合支承座具有质量小、强度高、刚度大的特点，可显著改善液流系统模态，避免局部及系统共振，最大限度地减少液流系统振动噪声的产生及传播，提高液流系统及舰船的可靠性和隐蔽性。

参 考 文 献

[1] 王艳林,王自东,宋卓斐,等.潜艇管路系统振动噪声控制技术的现状与发展[J].舰船科学技术,2008,30(06):34-38.

[2] 卢云涛,张怀新,潘徐杰.全附体潜艇的流场和流噪声的数值模拟[J].振动与冲击,2008,27(09):142-146.

[3] 江文成,张怀新,孟堃宇.基于边界元理论求解水下潜艇流噪声的研究[J].水动力学研究与进展A辑,2013,28(04):453-459.

[4] 柳贡民,罗文,赵晓臣.船舶管路系统振动噪声研究的理论与实践[C].第二十七届全国振动与噪声应用学术会议,哈尔滨,2016.

[5] 王世鹏.调节阀空化与噪声数值模拟研究[D].兰州:兰州理工大学,2018.

[6] JEON S Y Y J Y, SHIN M S. Flow characteristics and performance evaluation of butterfly valves using numerical analysis [J]. IOP Conference Series: Earth and Environmental Science IOP Publishing, 2010, 12 (1): 012099.

[7] RöHRIG R J S, TROPEA C. Comparative computational study of turbulent flow in a 90 pipe elbow [J]. International Journal of Heat and Fluid Flow, 2016, 55: 120-131.

[8] GAN C G S, LEI H. Random uncertainty modeling and vibration analysis of a straight pipe conveying fluid [J]. Nonlinear Dynamics, 2014, 77 (3): 503-519.

[9] WEI L Z G, QIAN J. Numerical simulation of flow-induced noise in high pressure reducing valve [J]. PloS one, 2015, 10 (6): 0129050.

[10] 刘文帅.国内外舰船噪声测试分析技术发展现状综述[C].第十五届船舶水下噪声学术讨论会暨船舶力学学术委员会水下噪声学组成立三十周年纪念学术会议,郑州,2015.

[11] 李晓晨,吴汪洋,张博.潜艇液压系统管路振动与噪声分析及控制[J].科技创新与应用,2015,12:127.

[12] 董真,陈倪.50MW汽轮机高压调门振动分析及其改造[J].热力透平,2009,38(02):94-96.

[13] 戴俊,苏胜利.舰船通海管路低频消声技术的研究进展[J].舰船科学技术,2016,38(09):7-11.

[14] 牛传贵.秦山二期核电站主蒸汽隔离阀振动与噪音分析[D].上海:上海交通大学,2008.

[15] 杨才洪.闸阀启闭过程磨损机理及流场模拟分析[D].哈尔滨:哈尔滨工程大学,2011.

[16] 张丽娇,陈朝中,章潇慧.复合材料减振降噪研究进展[J].新材料产业,2018,03:49-52.

[17] 祝捷.全封闭闸阀的结构分析[J].阀门,2010,04:31-33.

[18] 王翊.蒸汽管路阀门流动与噪声源特性研究[D].哈尔滨:哈尔滨工程大学,2011.

[19] 刘惠媛.潜艇舵机系统流固耦合与优化控制策略研究[D].哈尔滨:哈尔滨工程大学,2014.

[20] 沈惠杰.基于声子晶体理论的海水管路系统声振控制[D].长沙:国防科技大学,2015.

[21] AHMADI A, KERAMAT A. Investigation of fluid-structure interaction with various types of junction coupling [J]. Journal of Fluids and Structures, 2010, 26 (7-8): 1123-1141.

[22] 王琳.气液两相流海洋立管系统流固耦合动力特性研究[D].青岛：中国石油大学（华东），2016.

[23] 杨超.非恒定流充液管系统耦合振动特性及振动抑制[D].武汉：华中科技大学，2007.

[24] 刘鹏飞.基于 ANSYS Workbench 的舱门流固耦合振动研究[D].沈阳：东北大学，2015.

[25] 王征，吴虎，贾海军.流固耦合力学的数值研究方法的发展及软件应用概述[J].机床与液压，2008，04：192-195.

[26] 史振明.阀门流致振动和阀杆扭矩的动态特性研究[D].上海：华东理工大学，2018.

[27] 刘永伟，商德江，李琪.水下射流噪声数值计算与试验研究[J].南京大学学报：自然科学版，2015，51（S1）：96-101.

[28] 罗文.输流管路流固耦合计算研究[D].哈尔滨：哈尔滨工程大学，2017.

[29] KERAMAT A，TIJSSELING A，HOU Q，et al. Fluid-structure interaction with pipe-wall viscoelasticity during water hammer [J]. Journal of Fluids Structures，2012，28：434-455.

[30] 王建森.润滑系统直动型溢流阀动态特性研究与设计[D].兰州：兰州理工大学，2016.

[31] 丁强伟.超（超）临界疏水阀控管道水击振动特性研究[D].北京：北京石油化工学院，2015.

[32] 刘冰，武明，李伟.动态水击模拟在管道设计中的应用与研究[J].石油和化工设备，2012，15（05）：16-18.

[33] ABRIZI A S A M，XIE G. Computational fluid-dynamics-based analysis of a ball valve performance in the presence of cavitation [J]. Journal of Engineering Thermophysics，2014，23（1）：27-38.

[34] 魏云平.重介质管路中平板闸阀的失效分析与结构分析[D].天津：天津大学，2007.

[35] 刘华坪，陈浮，马波.基于动网格与 UDF 技术的阀门流场数值模拟[J].汽轮机技术，2008，02：106-108.

[36] 屠珊，孙弼，毛靖儒.汽轮机 GX-1 型调节阀流动特性的试验与数值研究[J].西安交通大学学报，2003，11：1124-1127.

[37] 封海波.海水管路系统中阀门动态特性和噪声控制的研究[D].哈尔滨：哈尔滨工程大学，2003.

[38] 王冬梅，陶正良，贾青.高压蒸汽阀门内流场的二维数值模拟及流动特性分析[J].动力工程，2004，05：690-692.

[39] 韩宁.应用 Fluent 研究阀门内部流场[D].武汉：武汉大学，2005.

[40] 石娟，姚征，马明轩.调节阀内三维流动与启闭过程的数值模拟及分析[J].上海理工大学学报，2005，06：498-502.

[41] BIELECKI M，KARCZ M，RADULSKI W，et al. Thermo-mechanical coupling between the flow of steam and deformation of the valve during start-up of the 200 MW turbine [J]. Task Quarterly，2001，5：125-140.

[42] MAZUR Z，URQUIZA G，CAMPOS R. Improvement of the turbine main stop valves with flow simulation in erosion by solid particle impact CFD [J]. International Journal of Rotating

Machinery, 2004, 10 (1): 65-73.

[43] 徐峥. 核电站主蒸汽隔离阀气流诱发振动与噪声问题研究 [D]. 上海：上海交通大学, 2009.

[44] 王炜哲, 施鎏鎏, 柴思敏. 1000MW 超临界汽轮机主调阀内流动和噪声计算分析 [J]. 动力工程, 2007, 03: 401-405.

[45] LEUTWYLER Z, DALTON C. A computational study of torque and forces due to compressible flow on a butterfly valve disk in mid-stroke position [J]. Journal of Fluids Engineering, 2006, 128 (5): 1074-1082.

[46] TAM C K, PASTOUCHENKO N N, SCHLINKER R H. Noise source distribution in supersonic jets [J]. Journal of Sound Vibration, 2006, 291 (1-2): 192-201.

[47] TORO D, JOHNSON A, SPALL M, et al. Computational fluid dynamics investigation of butterfly valve performance factors [J]. American Water Works Association, 2015, 107 (5): 243-254.

[48] SONG G, PARK X, CHUL Y. Numerical analysis of butterfly valve-prediction of flow coefficient and hydrodynamic torque coefficient [C]. Proceedings of the World Congress on Engineering and Computer Science, F, 2007.

[49] XU M. Three methods for analyzing forced vibration of a fluid-filled cylindrical shell [J]. Applied Acoustics, 2003, 64 (7): 731-752.

[50] ROSAGUTI N R, FLETCHER D F, HAYNES B S. Laminar flow and heat transfer in a periodic serpentine channel with semi-circular cross-section [J]. International Journal of Heatmass Transfer, 2006, 49 (17-18): 2912-2923.

[51] KIM J Y M, KIM S. Characteristics of secondary flow induced by 90-degree elbow in turbulent pipe flow [J]. Engineering Applications of Computational Fluid Mechanics, 2014, 8 (2): 229-239.

[52] LIGHTHILL M J. On sound generated aerodynamically I. General theory [J]. Proceedings of the Royal Society of London Series A Mathematical Physical Sciences, 1952, 211 (1107): 564-587.

[53] LIGHTHILL M J. On sound generated aerodynamically II. Turbulence as a source of sound [J]. Proceedings of the Royal Society of London Series A Mathematical Physical Sciences, 1954, 222 (1148): 1-32.

[54] WANG D, TAO Z, JIA Q, et al. Two-dimentional numerical simulation and qualitative analysis of flow characteristic in inner fluid field of high pressure steam valve [J]. Power Engineering, 2004, 24 (5): 690-697.

[55] SREEJITH B, JAYARAJ K, GANESAN N, et al. Finite element analysis of fluid-structure interaction in pipeline systems [J]. Nuclear Engineering and Design, 2003, 227 (3): 322-345.

[56] 江文成, 张怀新, 孟堃宇. 基于边界元理论求解水下潜艇流噪声的研究 [J]. 水动力学研究与进展 A 辑, 2013, 28 (04): 453-459.

[57] 孟令旗.高压降多级降压疏水调节阀声学特性研究[D].兰州：兰州理工大学，2017.

[58] PETERS H K R，KESSISSOGLOU N. Effects of apparent mass on the radiated sound power from fluid-loaded structures[J]. Ocean Engineering，2015，105：83-91.

[59] BINGHAM P，FESTER D，PAGE G. Liquid fluorine no-vent loading studies[J]. Journal of Spacecraft Rockets，1970，7（2）：181-185.

[60] RüTTEN F，MEINKE M，SCHRöDER W J J O T. Large-eddy simulations of 90-pipe bend flows[J]. Journal of Turbulence，2001，2（1）：N3.

[61] RüTTEN F，SCHRöDER W，MEINKE M. Large-eddy simulation of low frequency oscillations of the Dean vortices in turbulent pipe bend flows[J]. Physics of Fluids，2005，17（3）：035107.

[62] 胡艳华，时铭显.90°方弯管内气相流场的数值模拟与分析[J].石油机械，2007，08：9-12.

[63] 汤冰，朱旻明，刘明侯.声激励对圆射流流场结构控制的大涡模拟[J].中国科学技术大学学报，2015，45（02）：159-167.

[64] 张亮.充液管道振动特性理论与实验研究[D].哈尔滨：哈尔滨工程大学，2011.

[65] 俞树荣，马璐，余龙.弯曲输流管道流固耦合动力特性分析[J].噪声与振动控制，2015，35（04）：43-47.

[66] HANSSON P-A，SANDBERG G. Dynamic finite element analysis of fluid-filled pipes[J]. Computer Methods in Applied Mechanics and Engineering，2001，190（24-25）：3111-3120.

[67] 张杰，梁政，韩传军.U型充液管道的流固耦合分析[J].应用力学学报，2015，32（01）：64-68.

[68] 张杰，梁政，韩传军.基于流固耦合的多弯管路系统动力学分析[J].中国安全生产科学技术，2014，10（08）：5-10.

[69] NI Q，TANG M，WANG Y，et al. In-plane and out-of-plane dynamics of a curved pipe conveying pulsating fluid[J]. J Nonlinear Dynamics，2014，75（3）：603-619.

[70] DAI H L，WANG L，QIAN Q，et al. Vibration analysis of three-dimensional pipes conveying fluid with consideration of steady combined force by transfer matrix method[J]. Applied Mathematics and Computation，2012，219（5）：2453-2464.

[71] GAO X Q，ZHAO Y L，XU W W，et al. A numerical study of liquid film distribution in wet natural gas pipelines[J]. IOP Conference Series：Materials Science and Engineering，2016，129（1）：1-10.

[72] 周志军，林震，周俊虎.不同湍流模型在管道流动阻力计算中的应用和比较[J].热力发电，2007，（01）：18-23.

[73] 魏应三，王永生.基于声场精细积分算法的潜艇流激噪声预报[J].计算力学学报，2012，29（04）：574-581.

[74] 卢云涛，张怀新，潘徐杰.四种湍流模型计算回转体流噪声的对比研究[J].水动力学研究与进展，2008，03：348-355.

[75] HAMBRIC S，BOGER D，FAHNLINE J，et al. Structure-and fluid-borne acoustic power

sources induced by turbulent flow in 90 piping elbows [J]. Journal of Fluids Structures, 2010, 26 (1): 121-147.

[76] 姜健, 王振峰. 内凹型阀碟调节阀流场三维数值模拟研究 [J]. 科学技术与工程, 2009, 9 (13): 3781-3784.

[77] 徐峥, 王德忠, 张继革. 主蒸汽隔离阀管系振动与噪声分析 [J]. 上海交通大学学报, 2010, 44 (01): 95-100.

[78] 鞠东兵. 船用汽轮机调节阀减振降噪研究与进展 [J]. 阀门, 2010, 05: 13-15.

[79] 潘永成. 压力调节阀的流场流动特性和流固耦合特性研究 [D]. 济南: 山东大学, 2010.

[80] 王武. 典型输流管路结构流固耦合振动分析研究 [D]. 杭州: 浙江大学, 2018.

[81] 孙运平, 孙红灵, 张维. 充液管路低频线谱噪声有源控制试验研究 [J]. 中国舰船研究, 2017, 12 (04): 122-127.

[82] PALAU-SALVADOR G, GONZáLEZ-ALTOZANO P, ARVIZA-VALVERDE. Three-dimensional modeling and geometrical influence on the hydraulic performance of a control valve [J]. Journal of Fluids Engineering, 2008, 130 (1): 102-111.

[83] 谢龙, 靳思宇, 于建国. 阀体后90°圆形弯管内部流场PIV分析 [J]. 上海交通大学学报, 2011, 45 (09): 1395-1405.

[84] 范昕. 充液管路沿管壁传递的振动加速度测试方法研究 [J]. 中国舰船研究, 2010, 5 (02): 42-44.

[85] 余晓明, 仲梁维, 杨恒. 核岛双闸板闸阀振动特性的数值模拟 [J]. 上海理工大学学报, 2008, 02: 121-124.

[86] 戴青山, 朱石坚, 张振海. 管路系统低噪声弹性支撑安装研究 [J]. 舰船科学技术, 2017, 39 (19): 92-96.

[87] 何栋, 唐婷. 解析树脂基复合材料的性能及其有效应用 [J]. 粘接, 2019, 40 (07): 66-68.

[88] 包建文. 超铝追钛: 挑战树脂基复合材料耐热极限 [J]. 热固性树脂, 2015, 30 (05): 19.

[89] 刘仪, 莫松, 潘玲英. 耐高温有机无机杂化聚酰亚胺树脂及其复合材料 [J]. 宇航材料工艺, 2018, 48 (03): 1-5.

[90] 任贺厉. 舰船复合材料结构基座振动特性研究 [D]. 大连: 大连理工大学, 2008.

[91] 张敦福, 王锡平, 赵俊峰. 悬臂输送管道流-固耦合动力学系统的直接解法 [J]. 机械工程学报, 2004, 03: 195-198.

[92] 初飞雪. 两端简支输液管道流固耦合振动分析 [J]. 中国机械工程, 2006, 03: 248-251.

[93] 李艳华. 考虑流固耦合的管路系统振动噪声及特性研究 [D]. 哈尔滨: 哈尔滨工程大学, 2011.

[94] 任秀华. 机床用钼纤维增强人造花岗石复合材料力学性能研究 [D]. 济南: 山东大学, 2015.

[95] 马雅丽, 赵二鑫, 赵宏安. 拓扑优化的数控车削中心床鞍轻量化设计 [J]. 机械设计与研究, 2011, 27 (03): 103-107.

[96] 杨忠泮. 铣车复合加工中心立柱结构拓扑优化及仿生设计研究 [D]. 兰州: 兰州理工大学, 2017.

[97] 徐晓锋.基于管道隔振的供暖设备振动噪声控制研究 [D].沈阳：沈阳工业大学，2009.

[98] 李国亮.碳纤维复合材料基座的隔振性能研究 [D].武汉：武汉理工大学，2015.

[99] 吴医博，郭万涛，冀冰.基座隔振性能结构设计及性能评价 [J].材料开发与应用，2017，32（02）：94-99.

[100] MAIDANIK G. Induced damping by a nearly continuous distribution of nearly undamped oscillators：Linear analysis [J]. Journal of Sound Vibration，2001，240（4）：717-731.

[101] PAN J，HANSEN C H. Total power flow from a vibrating rigid body to a thin panel through multiple elastic mounts [J]. The Journal of the Acoustical Society of America，1992，92（2）：895-907.

[102] SUN L，LEUNG A，LEE Y，et al. Vibrational power-flow analysis of a MIMO system using the transmission matrix approach [J]. Mechanical Systems Signal Processing，2007，21（1）：365-388.

[103] 张林，吴小飞，李明刚.可变量程弯管流量计设计优化方案研究 [J].工程，2017，38（02）：145-148.

[104] RUOFF J H M，KüCK H. Finite element modelling of Coriolis mass flowmeters with arbitrary pipe geometry and unsteady flow conditions [J]. Flow Measurement and Instrumentation，2014，37：119-126.

[105] 朱磊，张志昌，李郁侠.弯管流量计试验研究 [J].电网与水力发电进展，2007，23（09）：58-61.

[106] MENICONI S，BRUNONE B，FERRANTE M，et al. Transient hydrodynamics of in-line valves in viscoelastic pressurized pipes：long-period analysis [J]. Experiments in Fluids，2012，53（1）：265-275.

[107] 秦绪斌.弯管流量计国内外发展概况 [J].自动化仪表，1992，06：1-5，45-46.

[108] MURDOCK J，FOLTZ C，GREGORY C. Performance characteristics of elbow flowmeters [J]. Journal of Basic Engineering，1964，86（3）：498-503.

[109] 何卓烈，任俭，张鸿珍.弯管流量计的试验研究及其在工业上的应用前景 [J].工业仪表与自动化装置，1987，04：3-5.

[110] 李志，孟宪举，李少峰.基于N-S方程数值解的弯管流量计漩流理论 [J].河北理工大学学报（自然科学版），2008，01：41-45.

[111] 王运生，李硕，邢立淼.含内套管的弯管流量测量装置特性研究 [J].仪表技术与传感器，2016，01：41-46.

[112] 崔绍铭，李耸峰.弯管流量计的测量原理及其应用 [J].石油化工自动化，2006，04：76-78.

[113] 闫照辉.复杂工艺管道巧用弯管流量计实现流量测量 [J].仪器仪表与分析监测，2016，04：27-29.

[114] VARDY A，FAN D，TIJSSELING A，et al. Fluid-structure interaction in a T-piece pipe [J]. Journal of Fluids and Structures，1996，10（7）：763-786.

[115] TIJSSELING A S，VARDY A E. Fluid-structure interaction and transient cavitation tests in a

T-piece pipe [J]. Journal of Fluids and Structures, 2005, 20 (6): 753-762.

[116] RIGOLA SERRANO J, LEHMKUHL BARBA O, OLIVA LLENA A, et al. Numerical simulation of the fluid flow though valves based on Large Eddy Simulation models [C]. Proceedings of the 2009 International Conference on Compressors and Their Systems, F, 2009.

[117] 汪玉凤.高温高压球阀启闭过程强度刚度及摩擦特性分析与研究 [D].兰州：兰州理工大学，2016.

[118] 陈杨.蝶阀的流场分析及结构优化 [D].绵阳：西南科技大学，2015.

[119] YOU J H, INABA K. Fluid-structure interaction in water-filled thin pipes of anisotropic composite materials [J]. Journal of Fluids and Structures, 2013, 36: 162-173.

[120] 迟婷.蒸汽管路水力计算及阀门瞬态关闭时流场特性研究 [D].哈尔滨：哈尔滨工程大学，2015.

[121] 徐枫.结构流固耦合振动与流动控制的数值模拟 [D].哈尔滨：哈尔滨工业大学，2009.

[122] BAUMANN H D. Coefficients and factors relating to the aerodynamic sound level generated by the throttle valves [J]. Noise Control Engineering Journal, 1984, 22 (1): 27-40.

[123] 郭中原.调节阀热变形及振动特性研究 [D].哈尔滨：哈尔滨工程大学，2014.

[124] SINGH G, RODARTE E, MILLER N, et al. Air Conditioning and Refrigeration Center [J]. College of Engineering, 2000.

[125] BOGEY C, BAILLY C, JUVé D. Noise investigation of a high subsonic, moderate Reynolds number jet using a compressible large eddy simulation [J]. Computational Fluid Dynamics, 2003, 16 (4): 273-297.

[126] H G A. Control valve exit noise and its use to determine minimum acceptable valve size [J]. Maastricht, the Netherlands, 2008, 78-85.

[127] SMITH B A, LULOFF B V. The effect of seat geometry on gate valve noise [J]. Journal of Pressure Vessel Technology, 2000, 122 (4): 401-407.

[128] 郭良民.大涡模拟应用研究及光船气动性能分析 [D].长沙：国防科技大学，2005.

[129] 高亚飞.基于 ANSYS 的深海岩心钻机离心泵叶轮流固耦合分析 [J].机械工程与自动化，2019，05：84-86.

[130] 任国志.某船舶操舵系统液压噪声控制的理论建模与仿真研究 [D].武汉：华中科技大学，2006.

[131] 魏志.阀体后 90°圆形弯管内流场和噪声的数值模拟 [D].上海：上海交通大学，2013.

[132] 徐峥，王德忠，王志敏.核电站主蒸汽隔离阀气流诱发振动与噪声的数值分析 [J].原子能科学技术，2010，44（01）：48-53.

[133] 冯喜平，赵胜海，李进贤.不同湍流模型对旋涡流动的数值模拟航空动力学报 [J].2011，26（06）：1209-1214.

[134] 廖庆斌，王晓东，马士虎.舰船管路系统振动和噪声源机理分析舰船科学技术 [J].2010，32（04）：23-27.

[135] 王雯，傅卫平，孔祥剑.单座式调节阀阀芯-阀杆系统流固耦合振动研究 [J].农业机械学报，

2014，45（05）：291-298.

[136] RIGOLA J，ALJURE D，LEHMKUHL O，et al. Numerical analysis of the turbulent fluid flow through valves. Geometrical aspects influence at different positions [C]. Proceedings of the IOP Conference Series：Materials Science and Engineering，F，2015.

[137] 刘建瑞，李昌，刘亮亮.高压核电平板闸阀的设计与数值模拟［J］.排灌机械工程学报，2012，30（05）：573-577.

[138] 崔宝玲，尚照辉，石柯.基于CFD的蝶板结构改进设计及数值分析［J］.排灌机械工程学报，2013，31（06）：523-527.

[139] 王春旭.水下湍射流及壁面湍流噪声预报方法［D］.武汉：华中科技大学，2009.

[140] TIJSSELING A S，VARDY A E，FAN D. Fluid-structure interaction and cavitation in a single-elbow pipe system [J]. Journal of Fluids and Structures，1996，10（4）：395-420.

[141] TIJSSELING A. Fluid-structure interaction in liquid-filled pipe systems：a review [J]. Journal of Fluids and Structures，1996，10（2）：109-146.

[142] 李健民.火力发电厂大型汽轮机振动异常分析及故障判断的研究［J］.科技创新与应用，2017，32：170-172.

[143] 赵志琦.直通式截止阀的流场分析对比与试验研究［D］.兰州：兰州理工大学，2016.

[144] 费扬.新型高参数减压阀流动特性与高温高压强度分析［D］.杭州：浙江大学，2015.

[145] 刘志忠.静压条件下圆柱壳-流场耦合系统振动功率流和声辐射特性研究［D］.武汉：华中科技大学，2009.

[146] 董仁义，吴崇健.流体瞬变对舰船管系激振分析［J］.舰船科学技术，2014，36（07）：14-19.

[147] 张建华，王芳，尤广泉.闸阀的常见故障分析与改进措施［J］.阀门，2009，03：40-43.

[148] 郭涛.管路的流致振动及噪声研究［D］.武汉：华中科技大学，2012.

[149] WEI X，SUN B. Study on fluid-structure interaction in liquid oxygen feeding pipe systems using finite volume method [J]. Acta Mechanica Sinica，2011，27（5）：706.

[150] 闫柯.换热器内锥螺旋弹性管束振动与传热特性研究［D］.济南：山东大学，2012.

[151] 闫柯，葛培琪，张磊.平面弹性管束管内流固耦合振动特性有限元分析［J］.济南：机械工程学报，2010，46（18）：145-149.

[152] 赵观辉.管路流固耦合振动特性的数值分析方法研究［D］.北京：中国舰船研究院，2013.

[153] 徐植信，陈余岳.液流管道动力响应分析［J］.上海力学，1983，01：1-11.

[154] 吴江海，尹志勇，孙凌寒.船舶充液管路振动响应计算与试验［J］.振动测试与诊断，2019，39（04）：832-837.

[155] SOROKIN S，TERENTIEV A. Flow-induced vibrations of an elastic cylindrical shell conveying a compressible fluid [J]. Journal of Sound Vibration，2006，296（4-5）：777-796.

[156] WIGGERT D C，TIJSSELING A S. Fluid transients and fluid-structure interaction in flexible liquid-filled piping [J]. Applied Mechanics Reviews，2001，54（5）：455-481.

[157] COLONIUS T，LELE S K. Computational aeroacoustics：progress on nonlinear problems of

sound generation [J]. Progress in Aerospace Sciences, 2004, 40 (6): 345-416.

[158] 李晨阳,李维嘉,李铁成.流固耦合作用下液压管道声场数值仿真 [J].舰船科学技术, 2011, 33 (04): 25-29.

[159] 王晖晖.管路系统流动特性及噪声研究 [D].武汉:华中科技大学, 2017.

[160] 郑荣部,陈修高,陈宗杰.基于 CFD 和 LMS 闸阀气体内漏的数值分析 [J].甘肃科学学报, 2017, 29 (06): 117-120.

[161] 王超,郑小龙,黄胜.基于无限元方法预报非均匀流中螺旋桨的流噪声 [J].中国造船, 2015, 56 (02): 142-149.

[162] 王超,张立新,郑小龙.LES 和无限元耦合方法预报螺旋桨均匀流噪声 [J].哈尔滨工程大学学报, 2015, 36 (01): 91-97.

[163] 陈伟.水下结构流固耦合及声辐射数值方法研究 [D].武汉:华中科技大学, 2009.

[164] 于继清.基于边界元的船用柴油机振动噪声特性分析 [J].科技与创新, 2018, 23: 19-20, 25.

[165] XU Y, JOHNSTON D N, JIAO Z, et al. Frequency modelling and solution of fluid-structure interaction in complex pipelines [J]. Journal of Sound Vibration, 2014, 333 (10): 2800-2822.

[166] HOME M, HANDLER R. Note on the cancellation of contaminating noise in the measurement of turbulent wall pressure fluctuations [J]. Experiments in Fluids, 1991, 12 (1-2): 136-139.

[167] YANG Q, WANG X Z, LIU M Y. Optimization of valve block shape using CFD [J]. Applied Mechanics and Materials Trans Tech Publications, 2012, 190: 133-138.

[168] 伍先俊,程广利,朱石坚.最小振动功率流隔振系统 ANSYS 优化设计 [J].武汉理工大学学报:交通科学与工程版, 2005, 02: 186-189.

[169] 母东杰.双喷嘴挡板伺服阀流固耦合特性分析及振动抑制 [D].北京:北京交通大学, 2015.

[170] 何涛,郝夏影,王锁泉.低噪声控制阀优化设计及试验验证 [J].船舶力学, 2017, 21 (05): 642-650.

[171] CARABALLO S C, RODRIGUEZ J L O, RUIZ J A L. Optimization of a butterfly valve disc using 3D topology and genetic algorithms [J]. Structural and Multidisciplinary Optimization, 2017, 56 (4): 941-957.

[172] 沈洋,金晓宏,杨科.基于 CFD 的蝶阀流场仿真和阀板驱动力矩研究 [J].新型工业化, 2013, 3 (04): 69-76.

[173] 赵云.数控车床主轴部件及支承件结构优化方法研究 [D].沈阳:东北大学, 2015.

[174] 陈国强.海水循环管路模拟系统振动特性及隔振分析 [D].哈尔滨:哈尔滨工程大学, 2016.

[175] 陈松乔.多质量块声学超材料的隔声分析和减振研究 [D].哈尔滨:哈尔滨工业大学, 2017.

[176] 王涛.机床用碳纤维增强树脂矿物复合材料的制备与性能研究 [D].济南:山东大学, 2014.

[177] 杨涛,张朋,董波涛.热固性聚酰亚胺树脂基复合材料的增韧改性研究进展 [J].航空制造技术, 2019, 62 (10): 66-72.

[178] 张争险,黄放,张晏.ZG12MnMoV 铸钢热物理力学性能及淬火组织预测 [J].热加工工艺, 2017, 46 (12): 75-78.

[179] 李永胜,张彤彤,王纬波.复合材料基座减隔振性能的仿真分析[C].第十六届船舶水下噪声学术讨论会,中国贵州贵阳,F,2017.

[180] 魏振东,李宝仁,杜经民.基于声子晶体理论的舰船液压管路支承用隔振器轴向振动带隙特性研究[J].机械工程学报,2016,52(15):91-98.

[181] 巢凯年.关于线性振动系统固有频率与支承刚度的关系[J].固体力学学报,1985,01:88-98.

[182] 沈良杰,范进,陈彦北.复合隔振器隔振装置的性能研究[J].装备环境工程,2017,14(05):56-59.

[183] 李永强.高速卧式加工中心支承件结构分析及优化设计[D].兰州:兰州理工大学,2017.

[184] 徐涛.机床支承件不确定性多目标优化设计[D].大连:大连理工大学,2016.

[185] 叶志明.基于机床整机刚度特性的床身结构优化设计[D].大连:大连理工大学,2013.